PRINCIPES

DE

PHILOSOPHIE ZOOLOGIQUE,

DISCUTÉS EN MARS 1830,

AU SEIN

DE L'ACADÉMIE ROYALE DES SCIENCES,

PAR M. GEOFFROY SAINT-HILAIRE.

PARIS.

PICHON ET DIDIER, LIBRAIRES,
QUAI DES AUGUSTINS, N° 47;

ROUSSEAU, LIBRAIRE,
RUE DE RICHELIEU, N° 103.

1830.

PRINCIPES

DE

PHILOSOPHIE ZOOLOGIQUE.

PARIS. — IMPRIMERIE DE RIGNOUX,
rue des Francs-Bourgeois-Saint-Michel, n° 8.

DISCOURS PRÉLIMINAIRE.

SUR LA THÉORIE DES ANALOGUES.

Pour exposer comment elle est devenue le sujet d'une discussion au sein de l'Académie royale des sciences, et pour fixer le point précis de la controverse.

Les études de l'organisation étaient depuis quelque temps sourdement travaillées par un mal-aise qui en gênait les allures; elles avaient gagné plus en étendue qu'en rectitude. Une révision du passé y devenait nécessaire : cette crise était inévitable; c'est-à-dire qu'une sérieuse controverse devait éclater. Ce moment est venu.

Toute rénovation d'idées est long-temps contrariée dans sa marche ascendante par les longues journées d'un état transitoire : il est alors dans les esprits un moment d'hésitation, même de souffrance, qui les décide, pour la plupart, à demeurer dans les traditions du passé : mais ce devient aussi un moment critique pour les novateurs. Cette indifférence, peut-être aussi quelques effets de rivalité les éprouvent, exaltent leur foi et leur dévouement scientifiques, et les excitent à redoubler d'efforts. De là, de ces vives impressions à une hostilité déclarée, il n'est qu'un pas. S'il est franchi, les deux camps sont formés : un choc passionné est imminent.

Voilà ce que l'action, l'inévitable influence du temps sur de certaines idées, récemment produites et relatives aux études de l'anatomie comparative, viennent d'amener, ont fait éclater dans le courant de mars 1830 : les feuilles quotidiennes et les journaux de médecine ont rendu compte de cet événement scientifique. Ainsi la presse a porté à la connaissance du public que des débats très animés entre M. le baron Cuvier et moi viennent de retentir dans le sein de l'Académie des sciences. La grande célébrité de cette compagnie, l'importance du sujet et l'accession d'un très nombreux auditoire, ont fait qualifier notre controverse de solennelle, et sont la cause de quelqu'intérêt qu'on lui accorde.

C'est dans ces circonstances que je me propose de donner au public les discours dont l'Académie a entendu la lecture, d'exposer le développement des idées rivales dans l'ordre de leur production. Mais d'abord j'aurai à en préciser l'objet.

Une première lecture, qui a été l'objet d'une bien vive répartie, posait un seul fait : il n'y fut, et dans tout le cours de notre discussion, il ne saurait être question que de donner une solution aux propositions suivantes :

Devait-on, doit-on conserver religieusement une

ancienne méthode pour la détermination des organes, en reconnaissance de ses anciens et utiles services, bien qu'elle ait porté d'excellents fruits, quand elle est maintenant insuffisante dans les cas de grande complication? Ou bien, pour satisfaire à de nouveaux besoins, faudra-t-il lui en préférer une autre qui donne plus sûrement et plus expéditivement cette détermination, alors que celle-ci est reconnue comme plus propre à cet office, comme éprouvée, ayant déja triomphé de difficultés tenues jusques-là pour inextricables?

Se contenter de cette forme d'exposition, ce serait comme essayer de surprendre une décision favorable. Cette opinion favorable, je ne la désire, je ne l'attends, au contraire, que d'une conviction parfaite : et, pour cet effet, je veux montrer nettement en quoi consistent les procédés des deux méthodes, faire voir quels avantages leur sont définitivement assurés; un seul exemple le dira suffisamment.

Le premier objet que se proposent également les deux méthodes, c'est de savoir quels organes, chez les animaux, correspondent aux organes préalablement étudiés et anciennement nommés chez l'homme. Le point de départ comme celui d'arrivée ne donnent lieu à aucune incertitude. Toutes les parties du corps humain sont connues, et c'est à retrouver également les parties analogues du corps des animaux, à les revoir dans leur concordance réciproque que s'appliquent toutes les recherches de l'anatomie comparée. Tout autant qu'il s'en trouve de semblables, ce sont autant de rapports dont la constatation forme les points élevés de l'anatomie transcendante.

Or, les deux méthodes se sont également exercées et se sont rencontrées sur les considérations, soit de la main, soit du pied, dernière portion de l'extrémité antérieure. Mais comment s'y sont-elles prises? C'est ce point que je tiens à examiner; car si j'ai été compris dans cette occasion, j'invoquerai l'adage : *ab uno disce omnes.*

L'ancienne méthode a suivi pas à pas ce qu'elle appelait la dégradation des formes, étant partie de l'homme, c'est-à-dire, de l'organisation qu'elle considérait comme la plus parfaite. A chaque moment de ses recherches, elle est sur un *à peu près semblable*, d'où elle descend sur chaque différence saisissable. Elle se propose de connaître ces différences; elle n'a pas d'autres soins, pas d'autres sujets d'études. Cette main d'orang-outang est à peu près celle de l'homme; mais elle diffère par un pouce plus court et des doigts plus longs. Poursuivant ce même mode de raisonnement, on arrive à la main des atèles, bien autrement défectueuse; car dans une des espèces de ce genre, il n'y a plus de pouce, et dans une autre, il n'est, pour en occuper la place, qu'un très court tubercule. Qu'on passe à d'autres singes, les tamarins, les ouistitis, par exemple, les cinq doigts s'y voient; l'*à peu de chose près* dure toujours; mais au moment d'en rechercher la différence, on vient à s'apercevoir que ce n'est plus une main, dans ce sens que le doigt interne n'est plus opposable dans son fléchissement possible aux mouvemens des autres doigts. Ceux-ci, comme le doigt interne, sont également menus : ils se ferment ensemble, ils sont munis d'ongles crochus, longs et acérés; dès-lors leurs formes et leurs fonctions sont profondément altérées; car ce n'est plus là une vraie main, mais une griffe. Les ouistitis gravissent le long des tiges au moyen de leurs ongles. C'est donc par un autre mécanisme que cette petite famille parvient, comme tous les singes, à vivre dans les bois et à gagner également le sommet des arbres.

Nous passons aux ours; le même raisonnement est encore invoqué. Leur pate, c'est encore *à peu près la main du singe*, mais sous une autre apparence; les différences y sont plus prononcées; car on trouve à observer et l'on devra décrire une *pate*, ainsi qu'on l'appelle dans sa condition de dissemblance, c'est-à-dire un pied à parties digitales, courtes et ramassées, des ongles serrés les uns contre les autres, robustes et se terminant en pointe.

Je saute plusieurs intermédiaires pour arriver à

la loutre. On y observe une nouvelle circonstance; les doigts de ce mammifère sont réunis par de larges membranes. Cet *à peu pres la même chose* a donc étrangement changé de formes : et, comme il fournit à l'animal de puissans moyens de natation, on lui donne le nom de *nageoire*.

La méthode ne va pas plus loin : elle finit avec les mammifères onguiculés, dits aussi mammifères fissipèdes. Or, qu'il me soit permis de remarquer à ce moment 1º qu'elle n'est ni logique ni philosophique. Ce qu'on s'était proposé d'obtenir par elle, est un tableau des cas de diversité devant servir à la distinction des êtres. Cependant, voyez qu'on l'a fait au moyen d'une supposition qui, à la rigueur, peut être admise dans une acception étendue, mais qui du moins implique contradiction dans l'énoncé de son expression. A chaque instant l'on est forcé d'invoquer une semi-ressemblance, un pressentiment de rapports non justifiés par un travail attentif et préparatoire : une vague idée d'analogie est l'anneau auquel se rattachent ces observations des cas différens. Est-il, en effet, logique et philosophique d'agir ainsi, de conclure de ressemblance à différence, sans s'être, au préalable, expliqué nettement sur tant d'*à peu près semblables*.

2º Cette même méthode pèche encore plus comme insuffisante. Vous êtes arrêté aux mammifères fissipèdes; vous ne pouvez au delà poursuivre vos comparaisons; et il faudrait les étendre à la considération du pied des ruminans et des chevaux. Mais là les différences vous paraissent trop considérables: comme si elle avait à s'effrayer du jugement à en porter, la méthode demeure silencieuse. C'était un fil indicateur; il s'est rompu, il ne dirigera plus. Pour éluder cette difficulté, on change de système: on poursuit ses études des cas de diversité, en affectant ce langage : « Pourquoi la nature agirait-« elle toujours uniformément? Quelle nécessité au-« rait pu la contraindre à n'employer que les mêmes « pièces et à les employer toujours? Par qui cette « règle arbitraire lui aurait-elle été imposée [1] ? » On ne peut comprendre dans les mêmes comparaisons cette *à peu près main*, cette partie ainsi nommée chez l'homme, quand il lui arrive, comme chez les ruminans et les chevaux, d'être ajoutée à la jambe elle-même. Mais ce ne sont pas des rapports qui préoccupent dans ce cas; on ne recherche que des faits différens. Il y a exagération dans la métamorphose du pied des ruminans? tant mieux. La description, la seule chose qu'on en veuille donner, n'en sera que plus facile à faire, montrera des traits plus saillans. C'est même là une sorte de bonne fortune pour cet ordre de recherches : car

[1] CUVIER, lecture académique du 5 avril, textuellement transcrite dans le feuilleton du journal des Débats, à la date du 6 avril 1830.

on a pris le parti de croire à un autre plan de composition animale. Des noms nouveaux pénètrent dans les descriptions; ceux de *sabots*, *d'os à canon*, *d'ergots*, *etc.* : voilà pour établir admirablement que *la Nature ne se laisse imposer aucune règle arbitraire*. On en vient à abandonner le champ des différences relatives, quand les rapports sont masqués : s'il faut qu'ils coutent quelques investigations pénibles, on se contente des différences observées. Mais négliger quelques points communs, c'est admettre des différences complètes, absolues. Et pourtant, qui oserait prononcer qu'il soit des différences présentant ce caractère?

Opposons aux procédés dont il vient d'être rendu compte, la conduite que prescrit la théorie des analogues pour arriver à une détermination sévère et philosophique des mêmes organes. Il faut d'abord qu'elle se donne un sujet net et bien circonscrit : c'est le seul moyen qu'elle ait d'échapper à l'influence solliciteuse des formes et des fonctions, influence qui tend à introduire plusieurs circonstances, où il ne faut admettre qu'un fait qu'il s'agit d'examiner : l'on n'est plus forcé alors de se traîner d'anneau en anneau et d'invoquer des *à peu près similitudes*, là où ne sont point de vraies ressemblances. Ainsi l'on commence par chercher *le sujet* qui donne sa condition générale, indépendamment de toutes dispositions accessoires, un objet isolé, que le principe des connexions éclaire de son flambeau, et qui retienne invariablement, nonobstant toutes ses modifications possibles, le fait de sa primitive essence, son caractère philosophique d'une composition uniforme.

Ceci n'offre aucune difficulté. L'extrémité antérieure se compose, dans tous les animaux vertébrés, de quatre portions : l'épaule, le bras, l'avant-bras, et une portion terminale, formant la main chez l'homme, la griffe dans le chat, une aile dans la chauve-souris, etc. Sans m'arrêter aux considérations de forme et de fonctions, qui sont des conditions tout-à-fait secondaires pour le dernier tronçon du membre antérieur, je vois ce tronçon tant qu'il existe : c'est lui qu'abstractivement et tout seul, je considère d'abord; il ne m'échappera pas dans cette condition : car je le surveille, en portant sur lui un auxiliaire inflexible, l'œil investigateur du principe des connexions. Une barrière est posée par cette donnée fixe : où finit le troisième tronçon, c'est-à-dire, l'avant-bras, commence le quatrième, ou la portion terminale du membre de devant.

Avec cet élément anatomique ainsi isolé, ainsi dégagé des considérations de formes et d'usages, considérations toutefois importantes, si elles interviennent à leur rang d'études; avec cet élément tout seul, je compare un même fait dans toute la série animale. Je ne m'arrête pas après les fissipèdes; je passe, sans la moindre difficulté, à la considération du pied des chameaux, des chevaux, des bœufs. Je vais partout considérer ce même élément anatomique, chez les oiseaux, chez les reptiles, chez les poissons, dans tous les êtres, enfin.

N'ayant point disposé de mes heures de travail en dehors de mes occupations habituelles, je ne suis point dans le cas de me conduire, à l'égard de la Nature, s'il m'arrive de ne pas la comprendre, avec quelqu'apparence de générosité; en voulant bien ne pas lui refuser le droit et le pouvoir d'agir comme il lui plaît. Je m'en étais tenu jusqu'ici à une autre manière de me montrer plus sûrement son dévoué interprète. En pareille occurrence, je me défie des faibles lumières de ma raison; je me garde de prêter à Dieu aucune intention : je reste où il me semble qu'un naturaliste *ordinaire* (1) doit se tenir. Je me renferme dans le devoir de la plus stricte observation des faits; je ne prétends qu'au rôle d'historien *de ce qui est*. Et je n'avais pas attendu cette dernière argumentation, qui n'est que la répétition d'une plus ancienne ailleurs, pour m'expliquer à cet égard. Je l'ai fait dans un *Fragment sur les existences du monde physique*,

[1] *Pour nous autres naturalistes* ORDINAIRES : expressions familières de M. Cuvier, au sein de l'Académie des sciences ; reproduites plusieurs fois, elles ont obtenu l'effet qu'on en attendait : mais peut-être beaucoup au-delà des prévisions calculées.

lequel a aussi paru dans l'Encyclopédie moderne (Voyez tome 17, au mot *Nature*).

Cependant je n'ai encore satisfait qu'à une seule condition, en prenant tout le tronçon terminal du membre de devant comme sujet d'étude comparative. Je dois attention à tous les vaisseaux arrivant de l'avant-bras sur cet organe; ils l'ont produit d'abord et le nourrissent toujours. On comprend comment le principe des connexions en limite l'étendue : l'un des organes est générateur de l'autre.

Voici un autre soin, que prend encore, ou du moins que conseillera de prendre la théorie des analogues. Avant de se livrer à des recherches sur les différences, elle aura parcouru une grande partie des faits pour les apprécier dans leurs communs rapports : elle aura remarqué dans quelle famille, ou même dans quelle espèce se trouve le plus grand nombre des matériaux, et de quelle manière ils sont, à titre de connexion, disposés les uns à l'égard des autres; et c'est appuyée sur tous ces documens que la nouvelle méthode de détermination procède sur des organes qu'elle sait exactement comparables.

Ces précautions prises, voyez le zootomiste s'engager dans les études des cas dissemblables; comme il marche avec certitude sur chacun d'eux! comme il sait mieux et plus complètement leur valeur respective! Car, allant d'une espèce à l'autre, il fait chaque fois appel de tous les matériaux, et met sur le compte des différences, l'absence ou l'atrophie des uns, et l'hypertrophie des autres. Il est, par conséquent, préparé à la singularité de ce pouce des atèles qui, dans une espèce, manque entièrement, et qui, dans une autre, existe encore à titre d'un tubercule rudimentaire. Ainsi, le zootomiste parcourt sans s'étonner toutes les métamorphoses de l'organe qu'il considère; loin de s'arrêter devant le pied du chameau ou du cheval, il le pourrait, au besoin, comparer directement à la main de l'homme; car il est une donnée qui peut servir de règle. Tout ce qui suit le troisième tronçon de la jambe antérieure forme un ensemble de parties qui se rapportent les unes aux autres, aussi bien dans le cheval que dans l'homme.

De cette manière, les précautions prises pour n'avoir point à s'écarter des rapports réels, au premier moment des recherches, profitent au second moment, quand doit commencer l'étude des faits dissemblables. Ainsi, savoir en premier lieu quels sont les rapports, c'est se préparer à mieux connaître ensuite, à mieux discerner dans quelle mesure sont les différences pour un organe donné, soit dans telle espèce, soit dans telle autre.

Ceci revient à dire que l'ancienne méthode négligeait de prendre toutes les précautions, et que la nouvelle les épuise toutes; que l'ancienne méthode se donnait son point de départ à *priori*, et que la nouvelle ne prend confiance dans le sien qu'après qu'elle l'a apprécié par des recherches à *posteriori*; enfin que l'ancienne méthode croit le quatrième tronçon de la jambe antérieure comparable chez les fissipèdes, *avant étude* de quelques élémens de conviction à cet effet; et que la nouvelle, mais seulement *après étude*, après qu'elle a éprouvé ses élémens de détermination, se porte, sans inquiétude, sur toutes les distinctions caractéristiques à acquérir.

Voyez que désormais rien n'implique plus contradiction: car, si, recourant aux procédés de la nouvelle méthode, vous désirez donner une expression brève et précise de vos observations constatant chaque différence, et, par exemple, des changemens de fonctions, c'est désormais sans la moindre difficulté. Et en effet, vous pouvez mettre en avant un organe qui a un nom spécial, qui possède son caractère d'essence à part; qui est toujours lui-même, un être identique, inaltérable en ce point, et cela indépendamment de toutes considérations ultérieures. Ceci posé, vous convient-il d'énumérer tous les changemens de fonctions qu'on aurait remarqués, et qui ne sont plus que des faits spéciaux, relativement à l'organe choisi comme exemple? vous pourrez vous exprimer avec clarté, et de la sorte : Le dernier tronçon de l'extrémité antérieure est, chez la plupart des mammifères, employé diversement, devenant la pate du chien, la griffe du chat, la main du singe, une aile chez la chauve-souris, une rame chez le phoque, enfin une portion de la jambe chez les ruminans.

Je ne donne pas tout ceci comme nouveau : je me suis déja plusieurs fois servi de cet exemple. L'argumentation ne l'a pas remarqué; ce n'était pas oubli peut-être. Mais s'il ne lui a pas paru nécessaire d'y donner attention, ce m'est une raison de plus d'y revenir. De même, je n'entends pas affirmer qu'à force de tatonnemens, et précisément parce que l'on aurait été depuis guidé par les nouveaux principes, l'on ne soit pas avec l'ancienne méthode arrivé enfin de son côté, en ce qui concerne le pied proprement dit des mammifères, aux mêmes conclusions que la nouvelle. Je ne veux pas contester un fait que j'aurais au contraire appellé de mes vœux. Ma démonstration n'était possible, et n'est complète, qu'autant que j'aurais pu choisir et que j'ai en effet choisi mon exemple, pour comparer les procédés des deux méthodes, dans une œuvre consommée, dans des études également suivies et réciproquement avouées par les deux écoles.

Maintenant on a éclaté par des reproches très vifs. La nouvelle méthode de détermination et la théorie des analogues qui l'aide de son inspiration, n'ont rien fait pour telle question : l'on garantit à l'avance qu'elles seront impuissantes dans tel cas, contredites dans tel autre. Mais en vérité, sont-ce là des reproches légitimes? Cette nouvelle méthode, je la donne comme un instrument de recherches : je n'en recommande l'usage qu'à ce titre. Et elle est effectivement un véritable instrument de découvertes, si elle s'appuie toujours avec discernement sur l'intime association de ses règles particulières [1]. Enfin elle ne serait pas, dit-on, appelée à donner telle solution, à procurer tel autre accès. Cela est possible.

Mais, au surplus, il faudrait, pour que cette argumentation pût signifier quelque chose, que les principes aristotéliques, sur lesquels on revient avec tant d'affectation, eussent donné mieux. Or, c'est, depuis deux mille deux cents ans qu'ils sont promulgués, qu'ils auraient (Argumentation à la date du 22 février) procuré dès ce moment à la zoologie des bases définitivement essentielles. Cependant, qu'ont-ils vraiment, pour leur propre compte, fait entrer dans la science? Avec eux, toutes les analogies, cachées sous le voile des grandes métamorphoses, n'étaient pas même soupçonnées probables. Avec eux, je puis continuer de dire, en fait d'analo-

[1] *La théorie des analogues, le principe des connexions, les affinités électives des élémens organiques, et le balancement des organes : Voyez*, pour le développement de ces idées, le discours préliminaire de ma *Philosophie Anatomique*, tom. II.

gies, il fallait s'en tenir à la coïncidence des trois données, qui se rencontrent toujours dans des espèces faisant partie de familles naturelles; savoir: *l'élément anatomique*, *la forme et la fonction.* Quand se rencontrait ce triple rapport, comme entre l'homme et le singe, la structure organique était considérée comme analogique: l'œil de l'homme pouvait être dans ses conditions essentielles, étudié sur l'œil du singe, et réciproquement. Cependant pour arriver à ce résultat, fallait-il recourir à doctrine, remonter *à ces bases essentielles de zoologie, qu'Aristote, leur créateur, avait posées à tout jamais?* Non, c'est là mon sentiment, non. Le bon sens populaire avait déjà donné cette vérité instinctive à Aristote, à son siècle, aux siècles qui, l'ayant précédé, avaient ainsi précédé le temps des mures réflexions et des études scientifiques. Le bon sens populaire fait cela de lui-même: aujourd'hui, il le fait dans les pays non encore civilisés, et le fera toujours, parce que l'évidence porte en soi un principe de manifestation propre à frapper également tous les esprits.

Si vous pesez toutes ces raisons, il vous sera démontré que les principes aristotéliques, en portant au pressentiment de certaines analogies, ne furent jamais de secours comme parties d'une méthode scientifique: car ce n'est pas sur réflexion, mais d'une manière instinctive, que les faits qui résultent d'analogies frappantes, sont admis aussitôt qu'aperçus.

Des analogies existent-elles au contraire de telle sorte, que ne se révélant pas facilement aux yeux du corps, elles puissent toutefois se manifester aux yeux de l'esprit, les principes aristotéliques sont pour ce cas insuffisans? L'ancienne méthode s'arrête dans ses applications, juste au moment où il faudrait qu'elle fût doctrinale, où il faudrait qu'elle devînt un fil d'Ariadne, pour faire apprécier les rapports les plus cachés, tous les points communs des faits généraux, les plus importans des sciences.

J'ai encore entendu ce reproche: « Mais cette méthode nouvelle, si hautement recommandée, n'aurait été que rarement employée. » J'en conviens volontiers; d'abord elle n'est pas d'une date ancienne: et puis, pendant que je l'emploie à démasquer les diverses métamorphoses, pour citer un exemple, que les faits de monstruosités introduisent dans l'arrangement normal des organes d'une même espèce, je laisse en souffrance tous les perfectionnemens possibles et désirables ailleurs. A ceci que je ne conteste pas, je réplique que je ne puis pas faire davantage. J'ajoute; cette méthode serait-elle dans la suite constamment pratiquée par la réunion de tous les zootomistes, de deux siècles elle n'aura sans doute encore suffi à tout.

Voilà ce que l'argumentation semble ignorer, ce

qu'elle laisse de côté; car elle n'a point eu d'attention pour ce qui aurait pu modérer sa vive attaque. Mais tout au contraire, elle croit ou paraît croire que j'ai donné la théorie des analogues comme consacrant le principe de la conservation invariable de tous les matériaux. Ne produisant aucune justification, elle se hâte de signaler quelques différences dans le nombre des pièces, quand le plus souvent ce n'est qu'un produit de l'âge, le résultat de l'association de plusieurs par soudure. Pour produire un plus grand effet, tout ce qu'elle aperçoit dans le cas de cette allégation est recueilli: les preuves abondent; on se noie dans les détails. Peine sans doute inutile; car la théorie des analogues accepte tous les nombres variables que lui apporte l'observation; elle ne prétend qu'à une recherche d'information.

Je résume ce qui précède en ces termes. Il n'est pas, il ne peut être mis en question, si j'ai avec bonheur ou non fait porter à la théorie des analogues tous ses fruits : tel ne fut pas d'abord, tel n'est pas véritablement le sujet de notre controverse. Le point en discussion est de savoir, si c'est à tort ou avec raison que j'ai recommandé une méthode pour la détermination des organes, et si cette dernière est préférable à la méthode anciennement usuelle.

Je viens de mettre ces deux méthodes aux prises dans un exemple bien connu : on peut prononcer. Si l'on objecte que dans l'exemple invoqué l'ancienne méthode avait suivi de près la nouvelle et qu'elle était presque arrivée aux mêmes résultats, il n'y a rien à en inférer contre l'utilité pratique de la nouvelle, puisque ce n'est que par cette dernière seule qu'on peut résoudre les problèmes les plus difficiles, ramener les plus singulières métamorphoses, comprendre tant de variations si extraordinaires qu'elles ont fait recourir à la supposition de plusieurs plans de composition animale.

Mais, au lieu de me répondre catégoriquement sur ce point, on a préféré diviser son attaque, multiplier les détails, argumenter avec les accidens des nombreuses modifications des corps, faire profession de sincérité en énumérant des faits attestant la diversité de l'organisation animale. On s'est voulu redoutable pour imposer silence, puissant pour arriver avec les avantages d'une position élevée, chef d'école pour accabler avec autorité. Voilà ce qui a inspiré d'interroger avec hauteur; conduite fondée sur un habile calcul, sur l'idée que de ma part les armes ne seraient point égales; premièrement parce que la représaille répugne à mon caractère, et secondement parce qu'il n'est aucun moyen de suffire à tant d'interrogations coup sur coup reproduites. L'Académie l'a entendu;

c'est moi, professeur public à Paris depuis 37 ans[1], que l'on n'a pas craint d'interroger sur les faits, sur les matières d'un cours de première année.

J'ai cru devoir, dans ces circonstances, faire cesser nos débats dans le sein de l'Académie. La présence d'un auditoire nombreux appelait trop le désir d'un triomphe, et faisait succéder à l'intérêt des choses un intérêt trop personnel à chacun de nous. J'ai donc annoncé à l'Académie que je n'abuserais plus de sa patience à nous écouter, et que dorénavant j'imprimerais mes répliques. L'article ci-après, disposé d'abord sous forme de prospectus, a été en même temps distribué à tous les membres de l'Académie.

[1] Moins âgé de trois ans que M. le baron Cuvier; je le précédai cependant de dix-huit mois dans la carrière de l'enseignement. Cette circonstance, ma position au Jardin du Roi, nous mirent en rapport, amenèrent nos relations.

Ces relations, elles ont commencé pour nous à l'entrée de la vie sociale : elles devinrent promptement une liaison intime. Alors, que de cordialité, que de soins entre nous, que de dévouement réciproque! Présentement, des dissentimens sur les faits de la science, quelques graves qu'ils puissent être, doivent-ils prévaloir sur la douceur de ces souvenirs? Nos premières études d'histoire naturelle, quelques découvertes même, nous les fîmes ensemble; nous nous y portions avec l'élan de la plus parfaite amitié, jusques-là que nous observions, que nous méditions, que nous écrivions réciproquement l'un pour l'autre. Les recueils du temps renferment des écrits publiés en commun par M. Cuvier et par moi.

Je prends des engagemens pour une série de publications, étant plein de foi dans la grandeur des résultats à obtenir. Serait-ce vraiment en ces temps de grandes lumières qu'il faudrait se faire un mérite de croire à la coordination et à l'enchaînement des observations en histoire naturelle? Décrire isolément les animaux, les comprendre avec plus ou moins de bonheur dans des travaux de classification, est-ce assez faire, si l'on songe à prendre part au mouvement qui entraîne actuellement les esprits? S'en tenir aux seuls faits observables, ne les vouloir comparer que dans le cercle de quelques groupes ou petites familles à part, c'est renoncer à de hautes révélations qu'une étude plus générale et plus philosophique de la constitution des organes peut amener. Après un animal décrit, c'est à recommencer pour un second, puis pour un troisième, c'est-à-dire tout autant de fois qu'il est d'animaux distincts. Pour d'autres naturalistes sont d'autres destinées; ils abrégent utilement et ne savent qu'avec plus de profondeur, s'ils embrassent l'organisation dans ses rapports les plus élevés. Car dans ce cas, s'il est tenu compte de tous les développemens possibles, tant de ceux d'une même espèce traversant les âges de la vie, que de ceux de toute la série zoologique s'élevant par degrés à la plus grande complication organique, on arrive à un fait simple, qui est en même temps la condition la plus générale de l'organisation. Tout organe est ramené à l'unité d'essence et de capacité pour l'incorporation de certains élémens. Un organe simple, enté sur un autre du même ordre, commence les faits de complication. Qu'ensuite plusieurs autres viennent, à leurs momens précis et par les voies de succession, de génération, entourer ce noyau, cela augmente la somme des premiers faits, sans altérer le caractère de leur simplicité. Mais d'ailleurs c'est le même cours de développemens, qui se poursuit dans un même cercle, satisfaisant à sa tendance originelle. Car il n'est qu'un même mode de formation pour engendrer les faits organiques, soit que son action, s'arrêtant de bonne heure, donne les animaux les plus simples, soit que cette action, persévérant jusqu'au terme de toute sa capacité possible, amène la plus grande complication des organes. Effectivement, il ne saurait être ici question de merveilles, mais de l'action du temps, mais de progrès dans le rapport de moins à plus.

Pour cet ordre de considérations, il n'est plus d'animaux divers. Un seul fait les domine, c'est comme un seul être qui apparaît. Il est, il réside dans l'Animalité; être abstrait, qui est tangible par nos sens sous des figures diverses. Ses formes varient en effet, selon qu'en ordonnent les conditions de spéciale affinité des molécules ambiantes, qui s'incorporent avec lui. A l'infinité de ces influences, modifiant sans cesse les reliefs profondément comme sur tous les points superficiels, correspond une infinité d'arrangemens distincts, d'où proviennent les formes variées et innombrables répandues dans l'univers. Toutes ces diversités sont ainsi limitées à de certaines structures, selon le caractère des excitans, selon que se déplacent ou se réengagent les élémens. Mais d'ailleurs ces faits de diversité se reproduisent nécessairement, comme si chacun était retenu et enfermé dans une trame qu'il ne peut ni transpercer ni déborder.

Voilà dans quel océan d'actions, de perturbations et de résistances s'exercent les facultés de l'organisation animale. Les corps, les élémens, leur mouvement, l'actuel et le futur arrangement de toutes choses, voilà l'œuvre de Dieu, ses dons à toujours concédés.

La Nature est la loi qu'il a donnée au monde [1].

Cette manière de comprendre la nature, de la considérer comme la manifestation glorieuse de la puissance créatrice, et de trouver dans cet immense spectacle des choses créées des motifs d'admiration, de gratitude et d'amour, constituant les

[1] Pensée profonde du poème de l'Astronomie, œuvre posthume de M. Daru. « Poëme, a dit M. Lamartine, prenant rang à l'Académie française, poème qui n'est publié que d'hier, et qui

rapports et les devoirs de l'humanité à l'égard du maître et du suprême législateur des mondes, est, je crois, non moins respectueuse que la forme qui fut admise dans la lecture académique du 5 avril. Je devais compter sur des argumens de naturaliste à naturaliste : l'argumentation est devenue théologique[1] : l'effet voulu, il a été produit. Je m'abstiendrai de relater ici le jugement qui en fut porté dans le public.

Et en effet, le mot *Nature* n'est susceptible chez les naturalistes que d'une seule interprétation : l'acception de ce mot, il la trouvent, comme tous les physiciens, ils la croient donnée par le sens de cette phrase : *Dieu est l'auteur et le maître de la*

« promet d'éclairer son tombeau du rayon le plus tardif, mais « le plus brillant de sa gloire. »

Le passage suivant est la source et contient le développement de cette pensée.

Naturam vero apello legem Omnipotentis,
Supremique patris, quam primâ ab origine mundi
Cunctis imposuit rebus, jussitque tenerit
Inviolabiliter, dum mundi sæcla manerent.

MARCEL PALINGEN, Zodiaque de la vie, liv. II.

[1] Je sais bien, a dit M. le baron Cuvier, dans son mémoire du 5 avril, je sais que pour certains esprits, il y a derrière cette théorie des analogues, au moins confusément, une autre théorie fort ancienne, réfutée depuis long-temps, mais que quelques Allemands ont reproduite au profit du système panthéistique, appelé *philosophie de la nature.*

Nature. C'est qu'en effet la nature s'entend de l'universalité des choses créées.

Comment après cela se permettre de détourner cette acception nette et précise, pour lui donner dans le même écrit un autre sens, pour faire jouer aussi à la *Nature* le rôle d'un être intelligent, qui ne fait rien en vain, qui agit par les plus courts moyens, qui ne les excède jamais et fait tout pour le mieux.

Cette double acception est sans doute de ressource dans une argumentation; mais, à mon tour, j'use de mon droit, en rejetant toute application que l'on voudrait illégitimement faire de cette extension, en rappelant et n'acceptant que la signification admise en histoire naturelle.

C'est cela aussi que l'on s'était proposé par cette autre objection, à la date du 22 mars. « Concluons « que vos prétendues identités, que vos prétendues « analogues, *s'il y avait en eux la moindre réalité*, « réduiraient la *Nature* à une sorte d'esclavage, « dans lequel heureusement son auteur est bien loin « de l'avoir enchaînée : on n'entend plus rien aux « êtres, ni en eux-mêmes, ni dans leur rapports. « Le monde est une énigme indéchiffrable. »

S'il y avait en eux la moindre réalité. C'est à dire, que s'il y avait vérité dans l'énoncé de la proposition, vous ne la rejeteriez pas moins! Serait-ce qu'un fait d'histoire naturelle, n'oblige pas toujours le naturaliste ? Eh quoi ! nous pourrions, en nous abandonnant à notre jugement, préférer *le mieux à ce qui est.* Se féliciter de ce que la *Nature* ait échappé à une sorte d'esclavage, c'est donner à entendre que les spéculations de notre faible raison pourraient entrer pour quelque chose, compter comme un correctif dans les arrangemens pourtant si admirables de l'univers.

J'entends tout autrement les devoirs du naturaliste : s'il prend pour bon tout ce qui est, s'il en recherche la connaissance par l'observation et s'il l'expose sans phrase à effet, il s'est renfermé dans le rôle d'un simple historien des faits; rôle dont il lui est défendu de jamais sortir.

Vous répugnez par des considérations d'utilité en faveur de la jeunesse à de certaines analogies. C'est déplacer la question. Ces analogies sont ou non la juste expression généralisée d'observations particulières; voilà le seul point qu'à titre de naturalistes, nous soyons appelés à juger. Vraies, et fussent-elles même difficiles à saisir, nous leur devons accueil; fausses, seraient-elles de nature à faciliter les premiers pas de la jeunesse, il convient de les rejeter. La majesté des sciences réside tout entière dans le respect pour la vérité; et c'est s'en écarter, je crois, que d'argumenter par des raisonnemens comme celui-ci.

« Sans doute il est plus commode pour un étu-

« diant en histoire naturelle de croire que tout est « un, que tout est analogue, et que par un être « on peut connaître tous les autres: comme il est « plus commode pour un étudiant en médecine de « croire que toutes les maladies n'en font qu'une « ou deux [1] (arg. à la date du 22 mars). »

Ce qu'il faut aux étudians, tout aussi bien qu'aux savans de profession, c'est d'être dans le vrai. Tout le prix des sciences est là : toute bonne philosophie repose sur cet axiome.

Des recherches constamment suivies et long-temps mûries sur les analogies des êtres ne tendent pas à faire *du monde une énigme indéchiffrable!*

En définitive, dans les répliques par lesquelles je vais répondre aux argumentations qui m'ont été opposées, je ne m'occuperai que de ce qui importe à tous, que de la science. Jamais d'habileté, toujours de la droiture, la conscience des faits, du soin dans leur narration, une conviction parfaite dans leur groupement, un travail soutenu; voilà ce qui sera, ce qu'on trouvera, je l'espère, dans cette première publication et les suivantes.

[1] Pour mon compte, j'engage les élèves en médecine à s'en tenir à l'enseignement qu'ils reçoivent présentement; car s'il leur fallait reculer jusqu'à la nosologie de Sauvages, ils ne pourraient suffire à ces milliers de maladies distinguées par ce praticien.

Puissé-je, arrivé au terme de cet ouvrage, avoir enfin acquis le droit d'y apposer ma signature ordinaire, ce dernier mot exprimant du moins les sentimens qui m'animent et me soutiennent dans mes recherches; *utilitati.*

Paris, au Jardin du Roi, 15 *avril* 1830.

N. B. Je donne une date à ce premier article, celle du jour où il fut livré à l'impression. Bien que consacré à éclaircir un point de la controverse, comme *discours préliminaire*, il en résume quelques parties.

SUR LA

NÉCESSITÉ D'ÉCRITS IMPRIMÉS,

Pour remplacer, par ce mode de publication, les communications verbales, dans les questions controversées.

Il y avait urgence : il fallait au plus tôt faire cesser nos plaidoiries successives, et j'ai eu recours à l'impression d'un prospectus dans lequel j'ai annoncé, que dorénavant je ne traiterais les sujets controversés qu'en usant de la voie de la presse. Mon prospectus distribué le 5 avril 1830, à tous les membres de l'Académie royale des sciences, exprimait ma pensée dans les termes suivans, que je reproduis textuellement :

Je me trouve à regret engagé dans une polémique avec M. le baron Cuvier sur les points fondamentaux de la science de l'organisation : de son côté, mon savant collègue témoigne en être aussi fatigué et affligé que moi. Dans ces circonstances, des amis de tous les deux, de nos confrères parlent d'intervenir : ils croient qu'il est temps d'arrêter cette lutte d'opinions se choquant par plaidoiries successives : elle pourrait en effet devenir encore plus vive, et compromettre enfin des relations d'amitié si anciennes, et fondées sur des services et une estime réciproques.

Quelques personnes ont imaginé et disent que

notre dissentiment porte principalement sur l'obscurité et une confusion de termes mal définis, que les moindres concessions feraient facilement disparaître. On se trompe en cela : il y a au fond des choses un fait grand, essentiel, vraiment fondamental, donnant une ame à l'histoire naturelle, et appelant dès lors les généralités de cette science à devenir la première des philosophies.

Toujours décrire sans faire aboutir les descriptions à une utilité pratique, c'est un passé dont la tendance des esprits demande présentement à garantir l'avenir. Des considérations spéciales abondent jusqu'à surcharge : montrons de la reconnaissance pour ceux qui nous ont préparé les voies, mais d'ailleurs jouissons de tant de trésors accumulés. Les progrès de la pensée publique réclament qu'on emploie aujourd'hui les faits, principalement pour les connaître dans leurs rapports. Faisons vraiment de la science.

Ainsi, j'aurai à persévérer dans la défense de mes idées attaquées, d'une doctrine qu'un sentiment d'intime conviction me dit être nécessaire à produire, actuellement même; mais, ce qui me paraît à tous égards préférable, je puis le faire par des moyens plus inoffensifs. Car, continuer notre lutte *passionnée*, ce serait amener plutôt le décri de la science que le triomphe de la vérité.

En préférant recourir à la voie de la publicité

par la presse, notre discussion sera débattue devant les hommes les plus éclairés sur la matière : je m'adresse ainsi aux seuls juges qui peuvent connaître avec une pleine compétence des points présentement en litige. De cette manière, je ne puis qu'attendre avec respect de ce haut tribunal une suprême décision.

N. B. Quand, il y a quinze jours, j'écrivais ce dernier paragraphe de mon prospectus, je n'ignorais point ce qu'en Allemagne et à Édimbourg l'on pense des théories nouvelles de la ressemblance philosophique des êtres. Là nous sommes dépassés, là se poursuit sans relâche, avec conviction, avec une parfaite confiance dans le succès, ce que nous essayons en France avec tant de réserve, avec trop de timidité sans doute. Il y a mouvement général, entraînement décidé des esprits vers ces doctrines qui sont enfin comprises. Et, véritablement, je serais injuste de le méconnaître, c'est de même en France, où quelques célèbres enseignemens s'y conforment; tels que l'enseignement de l'anatomie à Montpellier (*Dubrueil*, professeur), celui de l'histoire naturelle des animaux à Strasbourg (*Duvernoy*, professeur) etc.

Mais il y a mieux : pendant que ces questions étaient agitées avec un si grand éclat, à Paris, et au sein de l'Académie des Sciences, pendant qu'on y recommandait avec tant de véhémence de résister au torrent, de se défendre de l'irruption des nouvelles idées, ce fut dans ce moment même, qu'à Paris, qu'au sein de l'Académie des Sciences, il fallût recevoir cette leçon sévère que la digue qu'on avait voulu imposer serait décidément impuissante. L'anatomie zoologique, affermie présentement par d'autres principes, ne peut être ramenée aux traditions du passé.

Et en effet, des travaux conçus et poursuivis dans l'esprit de la nouvelle école, mûrement réfléchis, et surtout étrangers à la présente controverse; car ils étaient commencés quelques mois auparavant; de tels travaux, dis-je, viennent d'être communiqués à l'Académie : ils y ont été adressés, non point comme liés même indirectement à nos débats, mais comme appelés d'une manière nécessaire par le développement des facultés humaines, appelés par conséquent au jour marqué par les progrès de la science. Or, c'est dans la conjoncture actuelle un fait sans doute assez curieux, pour qu'on ne soit pas étonné que je le remarque, et que j'en fasse connaître la principale circonstance.

M. le docteur Milne Edwards vient (avril 1830) de présenter à l'Académie royale des sciences un travail étendu *Sur l'organisation de la bouche chez les crustacés suceurs*. Ce mémoire, communiqué depuis six mois à quelques amis, ne fut donc point dans le principe destiné, par son auteur, à prendre rang et couleur dans la controverse actuelle; mais il s'y est lié par sa forme, ses expressions et sa tendance générale. « On connaît, y dit l'auteur, deux groupes principaux de crustacés, les crustacés à vie errante qui ont la bouche armée d'organes masticateurs forts et tranchans, et les crustacés qui vivent en parasites, dont la bouche est destinée à livrer passage aux liquides. C'est donc une structure en apparence tout-à-fait différente : pour l'œil en observation, c'est le spectacle de deux plans de composition animale. Ici la bouche est entourée de mâchoires et de mandibules tranchantes ; là, elle s'est considérablement allongée, et, devenue tubulaire, elle est transformée en suçoir. La conclusion du mémoire est que *la composition organique décrite est toujours restée analogique. Les mêmes élémens constituans sont retrouvés dans l'un et l'autre cas ; c'est une tendance remarquable à l'uniformité de composition.*

M. Savigny avait présenté un pareil travail et donné la même démonstration à l'égard des insectes entr'eux.

Les comparaisons du travail de M. Edwards sont parfaitement suivies, les rapports en sont déduits avec certitude, et sa démonstration est complète.

Comment l'argumentation dirigée contre les analogies de l'organisation, pourra-t-elle, en persistant dans les fins de sa thèse, accepter ces résultats, qui, je n'en puis douter, lui paraîtront certains? Je crois entendre cette réponse : « C'est dans l'embranchement des animaux articulés, et mieux, c'est dans une même classe de cet embranchement, celle des crustacés, que ces bouches méconnaissables dans leur excessive métamorphose ont été étudiées : dès lors elles ont pu être, par un effort de sagacité, ramenées à une commune conformation : mais ce qui est à la rigueur possible entre des êtres d'un même embranchement présente une difficulté incommensurable, si la comparaison est tentée entre des animaux appartenant à deux embranchemens fort différens. »

Ceci me rappelle les soins qu'en 1795 un militaire,

dans les hauts grades avant 1789, se donnait devant moi pour démontrer à quelques amis que l'armée de Sambre et Meuse essaierait en vain de passer le Rhin en face de Dusseldorf. « Que d'obstacles en effet! La largeur du fleuve, les difficultés des lieux, les fortifications de la ville, des batteries en défense, etc. Qui oserait entrer en lutte? Ce ne seront point sans doute les masses indisciplinées répandues sur la rive gauche, des bandes dirigées par des inconnus sortis de la foule, par des hommes de rien, qu'on nomme *Jourdan*, *Kléber*, *Bernadotte*, *Championnet*, *etc.* Qu'on tente, à la bonne heure, en face de l'ennemi le passage de quelques rivières de l'intérieur d'un pays, voilà pour constituer des faits d'armes remarquables. Mais s'attaquer à d'aussi grands fleuves que le Rhin, c'est témérité, c'est folie. » Alors que de tels discours étaient soutenus à Paris, le Rhin était franchi et la ville de Dusseldorf occupée par les Français. On l'avait dit aux gens simples, et ils le croyaient; mais des hommes d'un esprit fort niaient que ce fût possible.

Il paraît que, quant aux recherches de l'analogie des organes, on accordera des entreprises, calculées dans une mesure à répondre au passage des petites rivières, mais que d'ailleurs on interdira, non pas seulement comme excessivement périlleuse, mais comme décidément impossible, toute autre entreprise équivalant à la traversée militaire d'un aussi grand fleuve que le Rhin.

Il est si grand cet intervalle entre ses termes extrêmes, si imposant l'hiatus entre les familles du bas et celles du haut de l'échelle zoologique!

RAPPORT

FAIT A L'ACADÉMIE ROYALE DES SCIENCES,

SUR

L'ORGANISATION DES MOLLUSQUES,

(SÉANCE DU 15 FÉVRIER 1830.)

1° *Sur ce Rapport, comme ayant fait naître la controverse.*

Ai-je vraiment commencé les hostilités? et dans quelle mesure? Ce point de fait m'a paru exciter quelque curiosité; une explication est donc désirée. Je la vais donner en publiant textuellement l'écrit dont s'offensa la susceptibilité de M. le baron Cuvier, et qui fut, de sa part, le 15 février, suivi d'une improvisation ardente autant qu'amère.

Deux anatomistes, MM. Laurencet et Meyranx, étaient depuis six mois inscrits pour une lecture à faire à l'Académie. Afin que je m'employasse à leur faire obtenir un tour de faveur, ils avaient désiré que je prisse connaissance du sujet et de l'intérêt de leur mémoire; mais, lassés d'attendre, ils finirent par prier le président de l'Académie de faire examiner leur écrit. M. Latreille et moi, nous en fûmes chargés. Dès le lendemain, le 9 février, les auteurs voient leurs commissaires : ils sont charmés d'apprendre que j'ai terminé un assez long travail, et que, me trouvant libre de passer à un autre, j'ai loisir pour prendre connaissance de leurs recherches. Les jours suivans, nous observons, nous disséquons ensemble; et, pour n'avoir point à y revenir plus tard quand je serais livré à d'autres soins, j'écrivis de suite le rapport, dont je venais de recueillir les idées. Par conséquent si ce rapport fut fait dans l'intervalle d'une séance à l'autre, il n'y eut pas précipitation en ce qui me concerne, mais convenance relativement aux heures que je pouvais consacrer à ces travaux.

Pour expliquer comment les recherches de MM. Laurencet et Meyranx arrivaient à heure marquée, selon les besoins de notre époque, je dis historiquement ce qui avait été autrefois et avec bonheur établi, quant aux faits en question. Où j'avais cru placer les élémens d'un éloge, M. le baron Cuvier vit une allusion et l'intention de le blesser. Non moins surpris qu'affligé de sa remarque, je protestai que cela avait été bien loin de ma pensée; et, en ce moment, je mets toute la sincérité dont je suis capable, à le déclarer de nouveau. J'offris avec amitié à mon savant confrère de supprimer ou tout le Rapport ou quelques parties à son choix. Il accepta mes offres pour un folio que je fis aussitôt disparaître; et M. le baron Cuvier fut le premier à réclamer la mise aux voix du Rapport.

Voici ce Rapport, tel que l'Académie l'a adopté. On y apercevra peut-être de la chaleur tenant à l'entraînement de la conviction; mais nulle part, je m'en flatte, nulle part, on n'y pourra découvrir d'hostilité envieuse.

2° *Parties du Rapport mises en délibération, et adoptées par l'Académie.*

Lundi dernier, vous avez reçu de MM. Laurencet et Meyranx un premier mémoire sur les mollusques, portant pour titre : *Quelques considérations sur l'organisation des mollusques.* MM. Latreille et moi, que vous avez commis à ce soin, allons vous en rendre compte. *Quelques considérations;* titre vague, mais sans couleur probablement par excès de modestie, puisque, ne promettant guère que de nouveaux efforts à la suite d'anciennes recherches, ce titre ne contraste que davantage avec les résultats que les auteurs se flattent d'avoir obtenus. Effectivement, si les prétentions avouées sont fondées, ce que ces auteurs auraient trouvé, c'est de l'ordre, où leurs devanciers n'auraient, de l'aveu même de ceux-ci, aperçu que de la confusion : c'est la clef d'une organisation décrite, mais non encore comprise dans sa composition ; c'est la ressemblance philosophique d'organismes ramenés à une mesure commune, et que jusqu'ici les maîtres de la science avaient seulement signalés comme hors de rang, comme insaisissables : ce qui, dans ce cas, revenait à dire que la loi de ces existences paradoxales reposait sur un état constant de monstruosités encore inexpliquées.

Cependant, si telles étaient les difficultés du sujet, comment MM. Laurencet et Meyranx, après tant d'essais stériles, de méditations infructueuses, se sont-ils décidés même à aborder de telles questions? Les découvertes, quelles qu'elles soient, pour être comprises et appréciées, exigent des explications préliminaires: aussi devient-il nécessaire de donner toutes les voies, de dire les idées intermédiaires dans lesquelles il arrive que l'esprit vienne à s'engager. C'est, de la part de l'inventeur, prendre le soin de mettre chacun dans la confidence de ses nouveaux procédés; c'est, par une sorte de remise des pièces, s'adresser à la sagacité et aux lumières du véritable juge en toutes choses, le Public.

L'importance de la question traitée, encore plus que le devoir que vous nous avez imposé, prescrit à vos commissaires d'agir dans cette circonstance de la même manière.

En effet, quels précédens étaient favorables aux auteurs, pour que nous leur accordassions notre confiance, dans le point qu'ils annonçaient avoir examiné? En quoi consistent de premiers travaux qu'ils auraient déja publiés? dans de simples essais, il faut le dire, mais qui, à la vérité, portent sur les plus importans systèmes de l'organisation; comme le cerveau et la moëlle épinière. Toutefois ces essais, s'ils ont un moment fixé l'attention publique, ne l'auraient-ils point occupée beaucoup plus par la singularité qui les caractérise que par leur véritable originalité?

Mais, tel n'était cependant pas leur unique point de départ. Nous avons vu, dans les mains de MM. Laurencet et Meyranx, un grand nombre de dessins déja lithographiés et prêts pour une prochaine publication; lesquels représentent des faits nouveaux d'anatomie. Ces messieurs les estiment au nombre de 3,000 figures, et cette énumération n'est pas sans doute exagérée. Or ces dessins portent sur les difficultés de la science: car ils donnent la zootomie de beaucoup d'animaux du milieu et des derniers rangs de la série zoologique; tels que salamandres, poissons, crustacés, insectes, mais surtout l'anatomie de quelques mollusques.

Qu'une autre réflexion nous dispose de même favorablement. Dans tous les travaux de l'esprit, il est une heure propice pour qu'ils soient conçus, développés et mûris. Avant nos jeunes auteurs, on n'agissait guères qu'instinctivement. Le talent du zootomiste, quelle qu'en fût la puissance, n'avait sous les yeux que des formes bizarres; il en était obsédé et de telles causes d'inspiration l'entraînaient nécessairement.

Ainsi, par exemple, l'un des céphalopodes, une seiche, avait-elle son manteau vivement coloré, et les autres parties du corps blanchâtres et comme privées d'insolation ; pour un observateur sans doctrine, là était le dos, ici le ventre. C'était avoir peut-être justement prononcé quant à la situation de l'animal se mouvant dans son monde extérieur. Cependant qui aurait garanti cette détermination, eu égard à la superposition et au rapport des parties organiques de l'être en lui-même? Mais cela ne faisait pas même autrefois l'objet d'une question.

Ce l'est devenu plus tard en particulier pour MM. Laurencet et Meyranx. Ils ont pris confiance dans un guide qui était dans la science, dans une méthode de détermination qui offre ses principes pour produire les inspirations et les révélations désirables, qui promet l'autorité de ses succès passés pour bien diriger dans les jugemens à intervenir; de sorte qu'à la faveur de la marche prescrite par la nouvelle méthode, les recherches sont instantanément scientifiques.

Autrefois on voyait, on anatomisait un animal, puis un autre, puis un troisième, etc.; et le seul *a priori*, qui servait l'esprit, c'était l'idée de chercher, d'observer, de comparer; heureux alors si quelques points communs sortaient de ces efforts, étant nettement acquis. On courait, au hasard, la chance de s'élever au caractère d'une proposition générale; mais présentement avec le secours de la nouvelle méthode de détermination, ces importans résultats de la science arrivent en même temps que se poursuit la recherche des faits générateurs. Ainsi c'était autrefois une bonne fortune que de rencontrer des procédés d'une plus grande efficacité, quand aujourd'hui on arrive sans hésiter sur le fond même des questions.

Par les réflexions qui précèdent, nous n'avons pas eu en vue de rabaisser le mérite du travail que nous sommes chargés d'examiner; mais bien en rappelant comment les auteurs se sont aidés de tout ce qui est actuellement dans la science, de faire naître dans les esprits une prévention qui leur soit favorable.

Nous leur devons d'autant mieux cet appui, que l'un de nous, M. Latreille, avait en 1823 cherché de son côté à soulever aussi le voile, ayant jusqu'à ce jour caché les rapports qu'ont certains mollusques avec quelques animaux des classes supérieures; et en effet M. Latreille a placé un travail, qui paraît ignoré de MM. Laurencet et Meyranx, dans le premier volume des Mémoires de la Société d'histoire naturelle de Paris. Ce travail lu le 14 mars 1823, a pour titre : *De l'organisation extérieure des céphalopodes comparée avec celle de divers poissons.* Dans des propositions bien résumées sont contenues quatre vues de rapport.

Ceci exposé, nous passons aux considérations contenues dans le mémoire de MM. Laurencet et Meyranx. Ces habiles anatomistes, se croyant suffisamment préparés et informés par les recherches qu'attestent les nombreuses figures dont nous avons parlé, et qu'ils considèrent comme formant déjà une sorte de rédaction de leurs vues, se sont donné comme faits généraux les propositions suivantes :

1° Tout mollusque présente, sous une enveloppe plus ou moins dépourvue de parties solides et d'appareils sensitifs qui s'y rattachent, un système *végétatif* rappelant celui d'un seul ou de plusieurs animaux supérieurs.

2° Les viscères qui composent ces appareils sont placés dans *les mêmes connexions* que chez les animaux supérieurs, et leurs fonctions s'y exécutent par un *mécanisme et des organes moteurs semblables.*

3° Les connexions signalées comme interverties ne le sont qu'en apparence; la clef pour en faire retrouver l'invariable persistance, est fournie par la considération que les mollusques dont le tronc, gardant ailleurs une situation longitudinale, se trouve au contraire ployé vers sa moitié, et que les deux portions en retour, soudées l'une à l'autre, sont renversées tantôt sur ce qu'on appelle la face ventrale et tantôt sur la face dite dorsale.

4° Les orifices dont il s'agit se revèlent à l'extérieur par la position respective des orifices.

5° Enfin, qu'en cas de parties résistantes et engagées dans le derme, ces masses terreuses sont encore comparables à de certaines portions osseuses chez les animaux vertébrés.

Voulant donner la justification de ces vues théoriques, MM. Laurencet et Meyranx en font l'application à l'ordre des céphalopodes, et même, pour rendre plus nettement leur pensée, à l'une des espèces en particulier, à la seiche, *sepia officinalis.*

Chacun connaît la seiche; il faut, imitant en cela MM. Laurencet et Meyranx, éviter de la décrire avec des termes empruntés de l'organisation des autres familles, si ces termes donnent lieu à de fausses acceptions. Un grand sac applati, à fond circulaire, présentant une large entrée à bords découpés, et composé de deux surfaces, l'une vivement teintée et légèrement convexe, et l'autre blanche et méplate, forme la principale partie de cet animal. De l'entrée du grand sac, et comme du fond d'un entonnoir, sort une masse arrondie, laquelle commence par un col rétréci et est terminée par huit tentacules charnus. C'est dans le centre de ces appendices qu'est l'orifice buccal, armé d'un bec comme le bec des perroquets; puis en arrière et sur les flancs sont deux gros yeux. La partie arrondie sortant de la troncature du sac est déterminée, par tous les savans, comme formant la tête de l'animal; et attendu que les moyens de locomotion, consistant principalement dans les tentacules dont nous venons de parler, sont distribués autour de la bouche, et conséquemment vers la partie terminale de la tête, la seiche et ses analogues qui ont le même mode de progression et qui se trouvent caractérisés par cette singularité, sont nommés *céphalopodes*, ou *pieds en tête;* dénomination qui est due à M. le baron Cuvier, et qu'il imposa à cette famille, alors qu'il jeta les premiers fondemens de sa gloire zoologique, c'est-à-dire quand il fit sortir d'un chaos informe les classifications des mollusques, si justement admirées et tout aussitôt adoptées par l'Europe savante.

Cependant, ce qui caractérise, comme spécialité et singularité, la seiche, est, ce point de fait, que c'est un animal mou, ou, autrement, que c'est un être appartenant à ce degré des formations organiques, qu'un arrêt de développement aurait restreint à ce premier taux de puissance vitale. Toutes ces circonstances ont pour effet que les sécrétions ne produisent point, ou peu du moins, de molécules salines, pour devenir, par suite des arrangemens de l'organisation animale, autant de molécules osseuses: peu du moins, avons-nous dit; car on connaît l'os de la seiche. Cela posé, la plicature, annoncée par nos auteurs, peut être considérée comme possible.

Mais cette plicature, quant à sa disposition propre, serait-elle heureusement expliquée par une pensée de nos auteurs rendue comme il suit? « La première idée que fait naître la situation bizarre et anormale des céphalopodes qui ont le cloaque appliqué sur la nuque, est que ces animaux marchent et nagent, en présentant le vertex soit à la terre, soit vers le fond des eaux, et que tous leurs organes qui présentent des analogies avec ceux des animaux supérieurs, sont disposés sur un plan que nous croyons pouvoir traduire par cette formule fort simple : *Figurons-nous un animal vertébré, marchant sur la tête ; ce serait absolument la position d'un de ces bateleurs qui renversent leurs épaules et leur tête en arrière pour marcher sur leurs mains et leurs pieds* ; car, alors l'extrémité du bassin de l'animal, dans ce renversement, se trouverait appliquée sur la partie postérieure du cou. »

Ne prenons ceci que pour une image produisant une première et grossière explication ; car, autrement, cette comparaison nous pousserait, par une conséquence toute naturelle, vers de fausses analogies. Ainsi, par exemple, à cause d'une fonction toute semblable, nous serions portés à croire ramenés aux mêmes rapports, à la même essence d'organisation, les tentacules de la seiche et les membres des animaux supérieurs, quand ces tentacules ne représentent, suivant la détermination qu'en a donnée l'un de nous, M. Latreille, dans son mémoire précité, que les barbillons entourant la bouche des silures. Ce ne serait par conséquent chez la seiche que ce même appareil, porté au maximum de leur développement possible, et acquérant, par le bénéfice de leur plus grand volume, de plus nombreuses et de plus importantes fonctions.

Un point sur lequel nos auteurs se sont sagement fixés, c'est d'avoir préféré à la considération des formes, fugitives d'un animal à l'autre, et mauvaises conseillères pour des comparaisons philosophiques, les indications du principe des connexions; et, en effet, c'est dans l'esprit de cette philosophie que MM. Laurencet et Meyranx ont donné une grande attention à la situation du diaphragme. Ils nomment ainsi une lame musculaire étendue, quadrangulaire, placée parallèlement au manteau, attachée sur les flancs; laquelle occupe la région centrale des viscères. Suivant ces auteurs, les viscères contournent le bord postérieur du diaphragme, et sont ainsi répandus sur les deux surfaces, qu'ils nomment, en raison de cette circonstance, l'une, face gastrique, et l'autre, face branchiale. Ils ont ajouté : « les piliers de ce muscle central sont promptement reconnus, longeant l'œsophage, peut-être même les muscles psoas, qui seraient retrouvés dans deux forts cordons musculeux, au fond du grand sac, où ils occupent une position latérale et postérieure. »

C'était déja une chose bien utile que cette étude du diaphragme, mais on pouvait et sans doute on devait faire davantage; car ce muscle, s'il était, comme détermination, véritablement acquis avec exactitude, il fallait que seul d'abord il devînt un point de départ pour toutes les autres déterminations désirables; il fallait, en employant le fil usuel et si heureusement directeur, le principe des connexions, en venir à reconnaître et à grouper méthodiquement autour du diaphragme tous les autres appareils qui s'y rattachent par leur superposition et le concert de leurs fonctions.

Nos auteurs n'auraient-ils donc point encore asssez fait pour l'établissement de leur thèse? Peut-être. Mais du moins sachons leur gré de s'y être aussi habilement engagés : leur travail ramène les mâchoires à leur position naturelle; on les avait dites posées sens dessus dessous. Ils voient dans l'anneau cartilagineux du cou, les élémens d'un hyoïde, et ceux d'un bassin dans de certains stylets aussi cartilagineux qui bordent la base de l'entonnoir.

Nous ne suivrons pas davantage MM. Laurencet et Meyranx dans leurs essais de détermination : il nous appartient, dans une matière aussi grave, de rester sur la réserve, et de n'insister, dans un premier rapport, que sur le degré plus ou moins probable de la justesse de leurs vues.

Et en effet, comment ne pas croire à quelque similitude d'organisation, quand l'on rencontre renfermés dans les mêmes tégumens, des organes aussi élevés par leur structure que le sont deux cœurs veineux et un troisième artériel, un ensemble parfaitement régulier de branchies, de la matière médullaire principalement concentrée en avant du cou, un foie très étendu, peut-être une rate, si l'on admet la conjecture de Meckel, mais plus vraisemblablement, au dire des auteurs, un appareil de vaisseaux secrétant de l'urine; lesquels consisteraient, continuent-ils, dans un tissu spongieux servi par un canal excréteur, prolongé et ouvert dans le cloaque? L'on trouve en outre également associés et logés ensemble tout un appareil intestinal, un bec construit comme celui des perroquets, l'œsophage, tous les organes de la génération, répétant, à peu de chose près, ceux des poissons; peut-on dire de tant de choses que c'est un ensemble tout autrement entrelacé, tout autrement combiné? Pour prouver cette proposition, c'est-à-dire pour démontrer que c'est là seulement un fait de grande, de très surprenante anomalie, il y aurait plus à faire que pour soutenir la thèse contraire. Car il faudrait admettre que ces organes, qui ne peuvent exister qu'engendrés les uns par les autres, et à cause de la convenance réciproque des actions nerveuses et circulatoires, renonceraient à s'appartenir, à être ensemble d'accord. Or, une telle hypothèse n'est point admissible : dès que, s'il n'est plus d'harmonie entre les organes, la vie cesse : alors point d'animal, plus d'animal. Mais si au contraire la vie persiste, c'est que tous ces organes sont restés dans leurs habituelles et inévitables relations, qu'ils jouent entr'eux comme à l'ordinaire; puis, de conséquence en conséquence, c'est qu'ils sont enchaînés par le même ordre de formation, assujettis à la même règle, et que, comme tout ce qui est composition animale, ils ne sauraient échapper aux conséquences de l'universelle loi de la nature, *l'unité de composition organique.*

MM. Laurencet et Meyranx ont su apprécier les besoins de la science, puisqu'ils ont essayé de diminuer l'hiatus remarqué entre les céphalopodes et les animaux supérieurs. Ils n'ont sans doute point espéré d'arriver tout d'abord à un résultat complètement satisfaisant; mais on leur doit du moins la justice de dire qu'ils tentent avec bonheur de frayer la route, et qu'ils l'ont même parcourue dans quelques uns de ses sentiers. Leur idée mère est ingénieuse : et si l'on s'accorde à ne considérer leur travail que comme d'intéressantes études pour servir à l'histoire naturelle des animaux mollusques, à ce titre, leur mémoire nous paraît digne d'être inséré dans le Recueil des savans étrangers. Nous avons l'honneur d'en faire la proposition à l'Académie.

Signé LATREILLE, GEOFFROY SAINT-HILAIRE, *rapporteur.*

3° *Partie du Rapport lue, retirée, mais présentement littéralement reproduite.*

L'altercation au sujet de ce Rapport avait paru à l'Académie, aux assistans, et à M. Cuvier lui-même, épuisée par mes explications amicales, par ma facile concession et par la suppression acceptée d'une partie de mon écrit. Quelques conseils ont fait plus tard changer ces premières dispositions.

M. Cuvier, par son argumentation du 22 février, est donc revenu sur ses premières impressions. « M. Geoffroy-« Saint-Hilaire, a-t-il dit, a saisi avidemment les vues « nouvelles de MM. Laurencet et Meyranx; il a annoncé « qu'elles *réfutent complètement* tout ce que j'avais dit sur « la distance qui sépare les mollusques et les vertébrés, etc. »
L'on n'a pas, sans doute, trouvé les élémens d'un sentiment aussi aigre dans mon Rapport imprimé ci-dessus: on ne les trouvera pas davantage dans le morceau de ce même Rapport que j'avais lu, et dont je m'étais empressé d'admettre la suppression. Cependant il m'importe qu'on en soit bien convaincu; ce qui m'oblige de recourir à ce morceau que j'avais conservé, et que je donne littéralement, comme il suit.

Cette partie supprimée du Rapport était placée à la suite des mots *L'unité de composition organique.*

« Cependant, on a pu, et dû sans doute, produire au commencement du 19e siècle, une philosophie toute contraire. Dans un morceau riche de faits, puissant et éclatant de savoir et de sagacité, on énumère tous les cas de différence, caractéristiques des céphalopodes, que l'on considère comme menant à la conséquence qu'à leur égard il n'est point de ressemblance, il n'est pas d'analogie de disposition dans la répétition des mêmes organes. Cet écrit est ainsi terminé : *En un mot, nous voyons ici, quoiqu'en aient dit Bonnet et ses sectateurs, la Nature passer d'un plan à un autre, faire un tout, laisser entre ses productions un hiatus manifeste. Les céphalopodes ne sont le passage de rien : ils ne sont pas résultés du développement d'autres animaux, et leur propre développement n'a rien produit de supérieur à eux.* »

« Qu'on ne se méprenne point sur le sens de ces paroles, principalement sur le motif qui nous a fait recourir à cette citation. La science était alors déja ce qu'il lui appartient d'être à toute époque de sa culture, philosophique, large, progressive : mais elle ne visait encore qu'au seul but d'une zoologie à fonder ou du moins à perfectionner; et c'est précisément parce qu'elle a, de 1795 à 1800, si heureusement atteint ce but, que, toujours fidèle au caractère de son essence, à ses besoins de s'étendre et d'acquérir par des perfectionnemens, elle poursuit présentement un autre but; lequel se trouve placé au delà du premier. Effectivement, son objet aujourd'hui, ses plus grands besoins maintenant, en raison de l'entraînement des esprits, sont la connaissance de la ressemblance philosophique des êtres.

« Ainsi la zoologie aura d'abord exigé la plus grande rigueur dans les classifications : elle a dû commencer au profit de celles-ci, par peser sur les faits dissemblables d'une main assurée. Effectivement, tenter d'introduire plus de précision dans les distinctions caractéristiques, c'était entreprendre de présenter avec plus d'éclat et de bonheur *le Tableau du règne animal*, tout ce qu'ont produit de plus grand et de plus imposant pour la philosophie le dénombrement et l'enregistrement des productions de la nature. Nous ajouterons que ce n'est point devant cette Académie qu'il est nécessaire de rappeler qu'une telle entreprise est à la fois devenue une *œuvre française* et l'un des plus grands succès de notre époque. Mais toujours est-il vrai que le commencement du 19ᵉ siècle restera remarquable par cette tendance dans les études, par la préférence qui fut alors donnée à la recherche des différences. »

Maintenant j'engage le lecteur de prendre la peine de peser la valeur de ces expressions que j'ai rappelées sans les modifier, et de prononcer.

Cette phrase, transcrite d'un ancien écrit, et où *les opinions de Bonnet et de ses sectateurs* sont rappelées avec défaveur, a causé toute l'irritation ressentie. Je n'eusse pas dû la reproduire; l'on a même été jusqu'à établir que je n'en avais pas eu le droit. Voilà ce qui a fait dire que je m'étais exprimé sans prendre le ton modéré que les sciences réclament, et en manquant à la politesse qui appartient à tout homme bien élevé.

J'ai eu aussi à faire droit à d'autres réclamations. Aurais-je, en parlant de l'*OEuvre française*, véritablement dépassé les convenances, par une mesure excessive dans l'éloge?

PREMIÈRE ARGUMENTATION

OU

CONSIDÉRATIONS SUR LES MOLLUSQUES,

ET EN PARTICULIER SUR LES CÉPHALOPODES,

PAR M. LE BARON CUVIER.

(SÉANCE DU 22 FÉVRIER 1830.)

La publication de mes répliques manquerait son but, si je ne tenais mes lecteurs au courant des observations et des doctrines auxquelles elles repondent. Une heureuse circonstance m'en offre les moyens. Un jeune disciple de M. Cuvier, d'un dévouement sans bornes pour son maître, M***, dont l'administration du *Journal des Débats* a fait son collaborateur pour la section des sciences, a accordé aux lectures de mon savant confrère la majeure partie de l'étendue de son journal le lendemain même des séances académiques. Si ce n'est la totalité, c'est la plus grande et la plus importante partie des Mémoires, qui s'y trouve textuellement transcrite. Je crois donc ne pouvoir mieux faire que de m'en référer à ces extraits étendus; et, comme je le fais aujourd'hui, je puiserai dorénavant à la même source pour les autres lectures de M. Cuvier.

Extrait du journal des Débats.

Nous n'avons (ainsi commence le journaliste), nous n'avons dit qu'un mot de la discussion qui s'est élevée dans la dernière séance entre MM. Cuvier et Geoffroy Saint-Hilaire, à propos d'un rapport fait par ce dernier sur un Mémoire de deux jeunes naturalistes qui ont présenté quelques idées nouvelles sur l'organisation des céphalopodes. Ces singuliers animaux, placés par M. Cuvier à la tête du genre mollusque, ont été rapprochés des mammifères par MM. Meyranx et Laurencet, au moyen d'une fiction qui a paru fort ingénieuse à monsieur le rapporteur : ils ont supposé qu'ils étaient pliés en deux sur eux-mêmes et en arrière, et qu'il suffisait de les redresser par la pensée pour mettre leurs organes dans la même situation où nous les trouvons chez les mammifères. M. Cuvier n'a pu laisser passer le Rapport de son savant collégue sans réclamer en faveur de l'opinion qu'il a émise et soutenue dans ses ouvrages, et qui se trouve contredite par ce nouveau travail; mais il était impossible de donner en quelques instans toutes les explications suffisantes; c'est pour éclairer complètement ce point intéressant de l'histoire des mollusques, que M. Cuvier a lu, dans la séance d'aujourd'hui, un Mémoire qui se distingue par une méthode et une clarté parfaites, et par ce charme de style qui caractérise tous les écrits de l'auteur. Nous croyons faire plaisir à nos lecteurs en donnant une analyse étendue de ces intéressantes considérations.

Texte de la première argumentation, employé par extrait.

« Les mollusques en général, mais plus particulièrement les céphalopodes, ont une organisation plus riche et où l'on retrouve plus de viscères analogues à ceux des classes supérieures, que dans les autres animaux sans vertèbres. Ils ont un cerveau, souvent des yeux, qui dans les céphalopodes sont plus compliqués encore que dans aucun vertébré; quelquefois des oreilles, des glandes salivaires, des estomacs multipliés, un foie très considérable, de la bile, une circulation complète et double, pourvue d'oreillettes, de ventricules, en un mot de puissances impulsives très vigoureuses, des sens distincts : des organes mâles et femelles très compliqués, et d'où sortent des œufs dans lesquels le fétus et les moyens d'alimentation sont disposés comme dans beaucoup de vertébrés [1].

[1] Suis-je allé aussi loin dans mon Rapport? ai-je distingué chez les mollusques autant de *viscères analogues*? m'a-t-on entendu appeler du même nom un aussi grand nombre d'organes, tous déclarés les mêmes? Selon l'argumentation, les mollusques jouissent d'une *organisation qui approche, pour l'abondance et la diversité de ses parties, de celle des animaux vertébrés*, et cependant dans un autre article, les mollusques seraient donnés *comme n'étant le passage de rien!*

Mais il y a du moins un très large hiatus entre les mollusques et les poissons! sans le moindre doute. De même que la Seine est à Paris moins large qu'elle ne l'est à Rouen, je veux dire par là que dans ce dernier cas on le peut savoir facilement, quand

« Ces différens faits résultaient déja des observations de Redi, de Swammerdam, de Monro et de Scarpa, observations que j'ai fort étendues, appuyées de préparations nombreuses, et dont je me suis prévalu, il y a maintenant trente-cinq ans, pour établir que des animaux aussi richement pourvus d'organes ne pouvaient pas rester confondus, comme ils l'étaient avant moi, avec des polypes et autres zoophytes dans une seule classe; mais qu'ils devaient en être distingués et reportés à un plus haut degré de l'échelle, idée qui me paraît aujourd'hui adoptée d'une manière ou d'une autre par l'universalité des naturalistes.

« Cependant, je me suis bien gardé de dire que cette organisation, approchant, pour l'abondance et la diversité de ses parties, de celle des animaux vertébrés, fût composée de même, ni arrangée sur le même plan; au contraire, j'ai toujours soutenu que le plan, qui jusqu'à un certain point est commun aux vertébrés, ne se continue pas chez les mollusques; et quant à la composition, je n'ai jamais admis que l'on pût raisonnablement la dire *une*, même en ne la prenant que dans une seule classe, à plus forte raison dans des classes différentes.

apprécier l'intervalle qui sépare les mollusques des poissons est au contraire fort difficile. Il faudra alors le concours de plusieurs naturalistes pour y réussir. Aussi, tel est l'objet des recherches de M. de Blainville : voilà de même ce qu'a fait M. Latreille par son mémoire de 1823. Qu'espéraient de leurs derniers efforts ces *deux jeunes et ingénieux observateurs*, MM. Laurencet et Meyranx? concourir pareillement à cette œuvre des naturalistes.

G. S. H.

Tout nouvellement encore, dans le premier volume de mon *Histoire des Poissons*, j'ai exprimé mon sentiment à ce sujet, sans doute avec le ton modéré que les sciences réclament, et avec la politesse qui appartient à tout homme bien élevé; mais cependant d'une manière assez claire, assez positive, pour que personne n'ait pu s'y méprendre.

« La question est sous les yeux de tous les naturalistes avec ses preuves; c'est à eux qu'il appartient de la juger, et je me serais abstenu, comme je m'en abstiens depuis dix ans, d'en entretenir l'Académie, si une circonstance dont elle a été témoin, ne me contraignait de renoncer à une résolution que me dictaient le désir d'employer plus utilement mon temps aux progrès de la science, et la persuasion que c'est par une connaissance plus approfondie des faits, que la vérité en histoire naturelle est plus assurée de se faire jour.

« Deux jeunes et ingénieux observateurs, examinant la manière dont les viscères des céphalopodes sont placés mutuellement, ont eu la pensée qu'on retrouverait peut-être, entre ces viscères, un arrangement semblable à celui qu'on leur connaît dans les vertébrés, si l'on se représentait le céphalopode comme un vertébré dont le tronc serait replié sur lui-même en arrière, à la hauteur du nombril, de façon que le bassin revienne vers la nuque; et un de nos savans confrères, saisissant avidement cette vue nouvelle, a annoncé qu'elle réfute complètement tout ce que j'avais dit sur la distance qui sépare les mollusques des vertébrés. Allant même beaucoup plus loin que les auteurs du Mémoire, il en a conclu que la zoologie n'a eu, jusqu'à présent, aucune base solide; qu'elle n'a été qu'un édifice construit sur le sable, et que sa seule base, désormais indestructible, est un certain principe qu'il appelle d'*unité de composition*, et dont il assure pouvoir faire une application universelle.

« Je vais examiner la question dans son rapport particulier avec les mollusques; dans une suite d'autres Mémoires, je la traiterai relativement aux autres animaux. J'espère le faire avec la même urbanité dont notre savant confrère a usé envers moi; et, comme les écrits qu'il a dirigés depuis dix ans contre ma manière de voir, n'ont jamais altéré en rien l'amitié que je lui porte, j'espère qu'il en sera de même de ceux par lesquels maintenant je vais successivement défendre mes idées. Mais dans toute discussion scientifique, la première chose à faire est de bien définir les expressions que l'on emploie; sans cette précaution l'esprit s'égare promptement; prenant les mêmes mots dans un sens, à un endroit du raisonnement, et dans un sens différent à un autre endroit, on fait ce que les logiciens appellent des syllogismes à quatre termes, qui sont les plus trompeurs des sophismes. Que si, dans l'exposé de ces mêmes raisonnements, au lieu du langage simple des mots propres, rigoureusement exigés dans les sciences, on emploie des métaphores et des figures de rhétorique, le danger est bien plus grand encore. On croit se tirer d'embarras par un trope, répondre à une objection par une paronomase, et en se détournant ainsi de sa route directe, on s'enfonce promptement dans un labyrinthe sans issue. Mais, j'en demande pardon à l'Académie, je vois que je me perds moi-même dans le langage que je repousse, et je m'empresse de revenir à celui que je continuerai de parler dans le reste de ce Mémoire.

Commençons donc par nous entendre sur ces grands mots d'*unité de composition* et d'*unité de plan :*

« La *composition* d'une chose signifie, du moins dans le langage ordinaire, les parties dans lesquelles cette chose consiste, dont elle se compose ; et le *plan* signifie l'arrangement que ces parties gardent entre elles.

« Ainsi, pour me servir d'un exemple trivial, mais qui rend bien les idées, la *composition d'une maison*[1],

[1] J'avais employé la même comparaison en septembre 1829 ; ce fut aussi afin de mieux exprimer ma pensée. C'est quand j'écrivis le mot *Nature* pour l'Encyclopédie moderne ; ouvrage auquel, comme éditeur, M. Courtin, ancien magistrat, consacre ses studieux loisirs. En adhérant à la demande que me fit ce savant légiste, de lui rédiger l'article *Nature*, j'y trouvai l'occasion naturellement amenée de répondre à quelques remarques critiques d'un autre mot *Nature* que M. Cuvier avait plus anciennement placé dans le *Dictionnaire des sciences naturelles*, publié par *Levraut*. M. Cuvier m'y avait adressé l'objection suivante :

« Ces vues d'*unité* sont renouvelées d'une vieille erreur née « au sein du panthéisme, étant principalement enfantée par une « idée de causalité, par la supposition inadmissible que *tous les* « *êtres sont créés en vue les uns des autres ;* cependant chaque « être est fait pour soi, a en soi ce qui le concerne. »

A cette objection, j'ai répondu comme il suit :

Mais qui doute de cela ? Oui, sans doute, un animal forme inévitablement un tout accompli, dès que dans la position respective et l'accord réciproque de ses parties sont les conditions c'est le nombre d'appartemens ou de chambres qui s'y trouvent, et son *plan*, c'est la disposition réciproque de ces appartemens et de ces chambres.

« Si deux maisons contenaient chacune un vestibule, une antichambre, une chambre à coucher, un salon et

de sa structure anatomique, dès que de la manière dont il se trouve établi sont ses propriétés obligées, spéciales aussi bien qu'harmoniques. Il est tout simple que tels sont ses organes, telles soient ses actions.

Actuellement je cherche, mais je le fais en vain, quelle connexité aurait été aperçue entre ces idées que personne ne conteste, et celles déclarées plus haut un faux produit de l'esprit, et enfantées par des idées de causalité. Des rapports que j'aperçois entre des matériaux, lesquels reviennent les mêmes pour composer les animaux; de ces données qui produisent une certaine ressemblance chez tous les êtres, tant à l'intérieur qu'à l'extérieur, j'arrive à une déduction, à une idée générale qui comprend toutes ces coïncidences; et si je les embrasse et les exprime sous la forme et le nom d'*unité d'organisation*, je ne me propose par là que de traduire ma pensée en un langage simple et précis : mais d'ailleurs, je me garde bien de dire ce que j'ignore, qu'une chose serait faite avec intention à cause d'une autre. En définitive, je me crois, dans ces conclusions, aussi fondé en raison que si, voyant d'ensemble les nombreux édifices d'une grande ville, et me restreignant aux points communs qui sont les conditions de leur existence, j'en venais à réfléchir sur les principes de l'art architectural, sur l'uniformité de structure et d'emploi d'un aussi grand nombre d'édifices; une maison n'est point faite *en vue* d'une autre; mais toutes peuvent être ramenées *intellectuellement* à l'unité de composition, chacune étant le produit de matériaux identiques, fer, une salle à manger, on dirait que leur *composition est la même;* et si cette chambre, ce salon, etc., étaient au même étage, arrangé dans le même ordre; si l'on passait de l'une dans l'autre, de la même manière, on dirait aussi que leur *plan est le même.*

« Mais si leur ordre était différent; si de plain-pied dans l'une des maisons, elles étaient placées dans l'autre par étages successifs, on dirait qu'avec une composition semblable ces maisons sont construites sur des plans différens : ainsi la *composition* d'un animal se détermine par les organes qu'il possède, et son *plan*, par la position relative de ces organes, ou ce que notre savant confrère appelle leur *connexion.*

« Mais qu'est-ce que l'*unité de plan*, et surtout l'*unité de composition*, qui doivent servir désormais de base nouvelle à la zoologie? Voilà ce que personne ne nous

bois, plâtre, etc.; de même qu'à l'unité de fonctions, puisque l'objet de toutes est également de servir d'habitation aux hommes.

Toute composition organique est la répétition d'une autre, sans être de fait produite par le développement et les transformations successives d'un même noyau. Ainsi, il n'arrive à personne de croire qu'un palais ait d'abord été une humble cabane, qu'on aurait étendue pour en faire une maison, puis un hôtel, puis enfin un édifice royal.

La science achevée sur un point se compose de faits généralisés, par conséquent de rapports philosophiques. Et ce sont de tels résultats qu'on affecterait de proclamer des opinions plus ou moins vraisemblables, de condamner même comme se trouvant trop décidément placées sous le reflet des inspirations romanesques d'un Telliamed ! G. S. H.

a encore dit clairement, et cependant c'est là-dessus qu'il faut d'abord fixer ses idées.

« Un argumentateur de mauvaise foi prendrait ces mots dans leur sens naturel, dans le sens qu'ils ont en français et dans toutes les langues; il prétendrait qu'ils signifient que tous les *animaux se composent des mêmes organes arrangés de la même manière;* et partant de là, il aurait bientôt pulvérisé le prétendu principe.

« Mais ce n'est pas moi qui supposerai que les naturalistes même les plus vulgaires aient pu employer ces mots, *unité de composition*, *unité de plan*, dans leur sens ordinaire, dans le sens *d'identité.* Aucun d'eux n'oserait soutenir une minute que le polype et l'homme aient dans ce sens *une composition une*, *un plan un.* Cela saute aux yeux. *Unité* ne signifie donc pas, pour les naturalistes dont nous parlons, *identité;* il n'est pas pris dans son acception naturelle, mais on lui donne un sens détourné pour signifier *ressemblance*, *analogie.* Ainsi, quand on dit qu'il y a entre l'homme et la baleine *unité de composition*, on ne veut pas dire que la baleine ait toutes les parties de l'homme; car les cuisses, les jambes, les pieds lui manquent; mais seulement qu'elle en a le plus grand nombre. C'est une expression du genre de celles qne les grammairiens appellent *emphatiques; unité de composition* ne signifie ici que *très grande ressemblance de composition.*

« De même, quand on dit qu'il y a unité de composition entre l'homme et la couleuvre, la couleuvre qui n'a point d'extrémités antérieures, et dont les postérieures se réduisent à de simples vestiges, on veut dire seulement qu'il y a entre eux *une certaine ressemblance de composition*, mais déja moindre qu'entre l'homme et la baleine.

« Il est évident qu'il y aurait contradiction formelle dans les termes à appeler *une*, ou *identité*, une composition qui, de l'aveu même de ceux qui emploient ces mots, change d'un genre à l'autre.

« Ce que je dis de la composition s'applique aussi au plan ; nous croirions faire injure à ces naturalistes si nous prétendions que, par ces mots *unité de plan*, ils entendaient autre chose que *ressemblance plus ou moins grande de plan*. Sans cela il suffirait d'ouvrir devant eux un oiseau et un poisson pour les réfuter à l'instant.

« Or, ces termes extraordinaires une fois définis ainsi, une fois dépouillés de ce nuage mystérieux dont les enveloppe le vague de leurs acceptions ou le sens détourné dans lequel on en use, l'on arrive à un résultat bien inattendu sans doute, car il est directement contraire à ce qui a été mis en avant.

« C'est que, loin de fournir des bases nouvelles à la zoologie, des bases inconnues à tous les hommes plus ou moins habiles qui l'ont cultivée jusqu'à présent, restreints dans des limites convenables, ils forment au contraire une des bases les plus essentielles sur lesquelles la zoologie repose depuis son origine, une des principales sur lesquelles Aristote, son créateur, l'a placée ; base que tous les zoologistes dignes de ce nom ont cherché à élargir, et à l'affermissement de laquelle tous les efforts de l'anatomie sont consacrés.

« Ainsi, chaque jour, l'on peut découvrir dans un

animal une partie que l'on n'y connaissait pas, et qui fait saisir quelque analogie de plus entre cet animal et ceux de genres ou de classes différentes; il peut en être de même de connexions, de rapports nouvellement aperçus. Les travaux auxquels on se livre à cet effet méritent tous nos éloges; c'est par eux que la zoologie agrandira ses bases; mais que l'on se garde de croire qu'ils l'en feront sortir.

» Si j'avais à citer des exemples de ces travaux dignes de toute notre estime, c'est parmi ceux de notre savant confrère M. Geoffroy que je les choisirais. Lorsque, par exemple, il a reconnu qu'en comparant la tête d'un fœtus de mammifère à celle d'un reptile ou d'un ovipare, en général on remarquait des rapports dans le nombre et l'arrangement des pièces, qui ne s'apercevaient point dans les têtes adultes; lorsqu'il a appris que l'os appelé *carré* dans les oiseaux, est l'analogue de l'os de la caisse auriculaire du fétus de mammifères, il a fait des découvertes très importantes, auxquelles j'ai été le premier à rendre pleine justice, lors du rapport que j'ai eu occasion d'en faire à l'Académie. Ce sont des traits de plus qu'il a ajoutés à ces ressemblances de divers degrés qui existent entre la composition des différens animaux; mais il n'a fait qu'ajouter aux bases anciennes et connues de la zoologie; il ne les a nullement changées; il n'a nullement prouvé ni l'unité, ni l'identité de cette composition, ni rien enfin qui puisse fournir un nouveau principe. Entre quelque analogie de plus dans certains animaux, et la généralisation de l'assertion que la composition de tous les animaux est une, la distance est aussi grande, et c'est tout dire, qu'entre l'homme et la monade.

« Ainsi nous savons tous, et depuis bien long-temps, que les cétacés ont aux côtés de l'anus deux petits os qui sont ce que nous appelons des vestiges de leur bassin. Il y a donc là, et nous le disons depuis des siècles, une ressemblance, et une ressemblance légère, de composition ; mais aucun raisonnement ne nous persuadera qu'il y ait unité de composition, lorsque ce vestige de bassin ne porte aucun des autres os de l'extrémité postérieure.

« En un mot, si par unité de composition, on entend identité, on dit une chose contraire au plus simple témoignage des sens; si par là on entend *ressemblance, analogie*, on dit une chose vraie dans certaines limites, mais aussi vieille dans son principe que la zoologie elle-même, et à laquelle les découvertes les plus récentes n'ont fait qu'ajouter, dans certains cas, des traits plus ou moins importans, sans rien altérer dans sa nature.

« Mais en réclamant pour nous, pour nos prédécesseurs, un principe qui n'a rien de nouveau, nous nous gardons bien, et c'est en quoi nous différons essentiellement des naturalistes que nous combattons, nous nous gardons bien de le regarder comme principe unique ; au contraire, ce n'est qu'un principe subordonné à un autre bien plus élevé et bien plus fécond, à celui des conditions d'existence, de la convenance des parties, de leur coordination pour le rôle que l'animal doit jouer dans la nature[1]; voilà le vrai principe philosophique d'où découlent les possibilités de certaines ressemblances et l'impossibilité de certaines autres; voilà le principe rationel d'où celui des analogies de plan et de compo-

[1] Je ne connais point d'animal qui DOIVE jouer un rôle dans la nature. Cette idée est loin, selon moi, de former un principe recommandable; j'y vois au contraire une grave erreur contre laquelle je m'élève sans cesse avec le sentiment de rendre un important service à la philosophie. Prenons garde d'expliquer ce qui est par des rapports nécessaires, après avoir renversé les termes du raisonnement. Dans cet abus des causes finales, c'est faire engendrer la cause par l'effet. Ainsi sur la remarque qu'un oiseau parcourt les régions de l'atmosphère, vous concluriez qu'il lui est accordé une organisation pour suffire à cette destination? vous admireriez comment en effet il a, pour peser moins, des os creux et une ample fourrure de plumes légères, comment son extrémité antérieure se trouve à point nommé extraordinairement agrandie, etc.! J'ai lu aussi, au sujet du poisson, que parce qu'il vit dans un milieu plus résistant que l'air, ses forces motrices sont calculées pour lui procurer tel mode de progression; que parce qu'il fait partie de l'embranchement des vertébrés, il doit avoir un squelette intérieur. A raisonner de la sorte, vous diriez d'un homme qui fait usage de béquilles, qu'il était originairement destiné au malheur d'avoir l'une de ses jambes paralysée ou amputée.

Voir les fonctions d'abord, puis après les instrumens qui les produisent, c'est renverser l'ordre des idées. Pour un naturaliste qui conclut d'après les faits, chaque être est sorti des mains du Créateur avec de propres conditions matérielles : il peut, selon qu'il lui est attribué de pouvoir : il emploie ses organes selon leur capacité d'action.

sition se déduit, et dans lequel, en même temps, il trouve ces limites que l'on veut méconnaître.

« Mais cette observation me mènerait trop loin; je la reprendrai dans un autre moment : je reviens à mon sujet.

« Tout ce que je viens de dire sur le plan et la composition étant posé, convenu, et, je le répète, cela est convenu et posé depuis Aristote, depuis deux mille deux cents ans, les naturalistes n'ont autre chose à faire, et ils ne font en effet pas autre chose que d'examiner jusqu'où s'étend cette ressemblance, dans quels cas et sur quels points elle s'arrête, et s'il y a des êtres où elle se réduise à si peu de chose, que l'on puisse dire qu'elle y finit tout-à-fait. C'est l'objet d'une science spéciale que l'on nomme l'anatomie comparée, mais qui est loin d'être une science moderne; car son auteur est Aristote.

« Je prendrai la liberté de soumettre, de temps en temps, quelques chapitres de ce travail à l'Académie; mais, aujourd'hui, je lui demande la permission de lui offrir seulement quelques considératios sur les céphalopodes, sujet qui a été très heureusement choisi par notre savant confrère; car il n'en est aucun où l'on puisse voir plus clairement ce que les principes en discussion ont de juste, et ce qu'ils ont de vague et d'exagéré.

« Supposez, nous a-t-on dit, qu'un animal vertébré se replie à l'endroit du nombril, en rapprochant les deux parties de son épine du dos comme certains bateleurs; sa tête sera vers ses pieds, et son bassin derrière sa nuque; alors tous ses viscères seront placés mutuellement, comme dans les céphalopodes, et dans ceux-ci, ils

5.

le seront comme dans les vertébrés ainsi ployés. Cette partie, qu'à cause de sa couleur brune vous appeliez le dos, répondra à la moitié antérieure du ventre; le fond du sac répondra à la région ombilicale; ce que vous appelez le devant du sac sera la moitié postérieure ou inférieure du dos. Cette mâchoire plus saillante, que vous preniez pour l'inférieure, sera la supérieure; tout rentrera dans l'ordre : unité de plan, unité de composition, tout sera démontré.

« Je dirai d'abord que je ne connais aucun naturaliste assez ignorant pour croire que le dos se détermine par sa couleur foncée ou même par sa position lors des mouvemens de l'animal : ils savent tous que le blaireau a le ventre noir et le dos blanc; qu'une infinité d'autres animaux, surtout parmi les insectes, sont dans le même cas; ils savent qu'une infinité de poissons nagent sur le côté, ou le dos en bas et le ventre en haut.

« Mais ils ont, pour reconnaître le dos, un caractère plus certain : c'est la position du cerveau [1]. Dans tous les

[1] Je m'afflige d'avoir à répondre sur la situation du *cerveau* des céphalopodes; j'ai bien plus souffert quand, dans le sein de l'Académie, je fus, de vive voix et avec hauteur, interpellé de m'expliquer sur ce point. Cependant aucune entrave, aucun cercle de Popilius ne gênaient mon esprit : d'autres soins m'occupaient. J'hésitais à donner la vraie réponse. Quelle confusion, que d'orages pouvaient s'ensuivre! Je m'arrêtai à l'idée de ne point blesser un ancien ami.

Et en effet, dire à M. Cuvier que les céphalopodes manquent de cerveau, que la démonstration de ce fait venait d'être donnée, que la science avait, sur le système nerveux de ces animaux, de animaux qui en ont un, il est en dessus ; et l'œsophage et le canal intestinal sont en dessous. Notre savant confrère lui-même l'avait fait remarquer dans un de ses anciens mémoires. C'est là, pour nous comme pour lui, le vrai criterium, et non pas une puérile remarque sur la couleur.

« Partant de là, j'ai pris, d'une part, un animal vertébré ; je l'ai ployé, comme on le demandait, le bassin vers la nuque ; j'ai enlevé tous les tégumens d'un côté, pour bien montrer en situation ses parties intérieures ; d'autre part, j'ai pris un poulpe, je l'ai placé à côté de

nouvelles observations, et que lui, auteur classique sur la matière, restait malheureusement avec de fausses préventions en faveur de sa thèse de 1795, vraie à plusieurs égards, mais aussi beaucoup trop généralisée : voilà ce que je ne me sentis pas le courage d'exposer devant l'auditoire nombreux qui assistait à ce débat.

En reportant avec tant de raison les mollusques quelques degrés plus haut dans l'échelle zoologique, M Cuvier s'est trouvé entraîné par de là les faits ; il ne devait pas assigner à ces animaux une place supérieure à celle des insectes. Ce point est de doctrine universelle en Allemagne, et les travaux de M. Serres sur le système nerveux des céphalopodes, mettent cette décision hors de doute. Les céphalopodes, quant au système nerveux, doivent être rangés au dessous des insectes et des crustacés ; car leurs ganglions céphaliques sont réunis de la même manière que chez les doris, et la marche des cordons nerveux est plus ou moins interrompue. Au total, dit M. Serres, dans son Anatomie comparée du cerveau, II, p. 24, les mollusques sont, quant à leur degré de composition, des êtres qui ne dépassent point les larves des insectes.

l'animal vertébré, et je me suis rendu compte de la situation respective de ses organes.

« Il est vrai que dans cette position, la mâchoire la plus saillante du poulpe répond à la mâchoire supérieure du mammifère; mais pour le conclure décidément, il faudrait que le cerveau fût placé vers l'entonnoir, comme il l'est dans le mammifère vers la nuque. Or, c'est tout le contraire : le cerveau du poulpe est vers la face opposée à l'entonnoir.

« Voilà déja un terrible préjugé contre l'idée que l'entonnoir est un bassin replié vers la nuque.

« Mais continuons. Pour que ce côté sur lequel se replie l'entonnoir fût le côté de la nuque, il faudrait encore que l'œsophage passât entre ce côté et le foie, comme on le voit dans les mammifères; mais c'est encore tout le contraire; il passe du côté opposé, du côté que nous appelons dorsal....., etc.

« Je le demande maintenant : comment, avec ces nombreuses, ces énormes différences, en moins d'un côté, en plus de l'autre, pourrait-on dire qu'il y a entre les céphalopodes et les vertébrés *identité de composition*, *unité de composition*, sans détourner les mots [1] de la langue de leur sens le plus manifeste?

[1] Il faut s'entendre sur la valeur des termes : faisons ce qu'on a si bien recommandé dans le cours de la présente argumentation. J'admets les faits ici posés; mais en même temps je nie qu'ils conduisent à l'idée d'une autre sorte de composition animale. Les mollusques avaient été trop haut remontés dans l'échelle zoologique : mais si ce ne sont que des embryons de ses plus bas degrés, s'ils ne sont que des êtres chez lesquels beau-

« Je ramène tous ces faits à leur véritable expression, en disant que les céphalopodes ont plusieurs organes qui leur sont communs avec les vertébrés, et qui remplissent chez eux des fonctions semblables; mais que

coup moins d'organes entrent en jeu, il ne s'ensuit pas que leurs organes manquent aux relations voulues par le pouvoir des générations successives. L'organe A sera dans une relation insolite avec l'organe C, si B n'a pas été produit, si l'arrêt de développement, ayant frappé trop tôt celui-ci, en a prévenu la production. Voilà comment il y a des dispositions différentes, comment sont des constructions diverses pour l'observation oculaire.

Les céphalopodes *ne formant passage à rien*, seraient dans nos séries zoologiques une éternelle objection au principe de l'enchaînement *nécessaire* des faits naturels! et ceci, on viendrait à l'affirmer sur le motif qu'il est entre eux et les animaux qui s'en éloignent le moins, un hiatus plus considérable qu'on ne le voit ailleurs! Mais n'est-il pas quelque chose de plus vraiment scientifique qu'un tel résultat d'observations, donné comme une anomalie absolue? D'anomalies, pour le naturaliste philosophe, il n'en est que de relatives, qui se résolvant en difficultés, et attaquant les théories faites, obligent de les modifier. Cela posé, que d'essentiel, que de vrai à considérer chez les céphalopodes?

Toute partie organique est le produit de deux systèmes, le *sanguin* et le *nerveux* : tous deux, dans leurs développemens successifs, se suivent régulièrement. Il n'en est point ainsi chez les céphalopodes : cet état de règle y est en défaut. Le système sanguin y prend un trés grand développement ; le développement du système nerveux y est moindre. Que leurs viscères de la nutrition et de la reproduction, accrus par l'hyperthrophie du système sanguin, aient été le sujet des premières études, il a fallu d'après cette observation remonter les céphalopodes dans ces organes sont autrement disposés entre eux, souvent construits d'une autre manière, qu'ils y sont accompagnés de plusieurs autres organes que les vertébrés n'ont pas, tandis que ces derniers en ont aussi, de leur côté, plusieurs qui manquent aux céphalopodes.

« J'avoue qu'en disant cela je ne dis autre chose que ce qu'on dit beaucoup d'autres avant moi. Mais si je n'ai pas le mérite de la nouveauté, je me flatte du moins d'avoir celui de la vérité et de la justesse, et celui de ne point embrouiller l'esprit des commençans par des expressions non définies, qui semblent, dans le vague qui les enveloppe, préseuter un sens profond, mais qui, analysées de près, ou sont entièrement contraires aux faits, ou ne signifient que ce que l'on a dit de tous les temps avec plus ou moins de détail dans l'application.

« Dans mes communications suivantes, j'examinerai plusieurs autres principes, plusieurs autres lois annoncées par divers naturalistes ; mais pour que ces lectures ne se bornent pas à des questions métaphysiques, j'aurai soin qu'elles se rattachent toujours, comme celle d'aujourd'hui, à quelques déterminations de faits dont la science puisse tirer un parti plus solide que de ces oiseuses généralisés. »

la série et les tenir assez près des poissons, quand tout récemment, pour l'atrophie de leur système nerveux, on les a redescendus plus bas. Aujourd'hui, en balançant le fort par le faible, on considère les céphalopodes et les mollusques comme devant occuper une ligne parallèle à celle des insectes.

RÉPLIQUE IMPROVISÉE

A la première argumentation de M. le baron Cuvier; même séance le 22 février.

J'avais considéré comme entièrement épuisée la susceptibilité que M. Cuvier avait montrée dans notre dernière séance. Chacun ici et moi plus particulièrement, nous avions cru M. Cuvier ramené par une concession faite avec tout l'abandon d'une franche amitié : malheureusement il n'en est rien. Ce nuage élevé entre nous n'est donc point dissipé. C'est là pour moi un juste sujet d'affliction et de regrets. Mais d'ailleurs je ne puis me défendre d'une certaine satisfaction, quand je vois mon savant confrère aborder enfin de graves questions, que chacun de nous a jusqu'à présent comprises différemment et sur lesquelles il me paraît utile que nous nous expliquions. Je ne suis point préparé pour

[1] J'ai retrouvé dans les recueils de médecine et dans mes souvenirs les fragmens principaux du discours que je prononçai après la vive attaque qui précède ; je n'ai pu éviter de donner ici cette improvisation, parce que mes répliques écrites qui suivent s'y réfèrent. J'y trouve au surplus, pour mes lecteurs, cet avantage qu'ils n'en connaîtront que mieux les événemens et accidens de notre premier engagement; *premier*, ai-je pu dire, car il n'y avait dans mon *Rapport* sur les mollusques ni la forme ni le ton d'une provocation.

traiter *ex-abrupto* toutes les questions qui viennent d'être soulevées, et je me contenterai aujourd'hui de présenter brièvement quelques remarques préliminaires.

1° J'applaudis à la démarche de M. Cuvier, laquelle tend à ramener ces momens brillans de l'ancienne Académie des sciences où tous les sujets élevés de nos connaissances étaient successivement reproduits et éclairés pour une discussion approfondie. Il est bon effectivement que nous quittions la voie nouvelle où nous sommes engagés, que nous rompions l'habitude funeste de recevoir ou d'entendre sans les discuter les mémoires présentés ou lus à l'Académie. Ainsi, au lieu de ces discussions qui se suivaient avec éclat, vivacité et profit pour chaque académicien, au lieu de ces débats toujours instructifs et quelquefois heureusement inspirateurs, c'est maintenant une tenue de séance où chaque communication est stérile, parce que chacun met du soin à contenir ses sentimens.

L'admission aux réunions ordinaires de quelques personnes tolérées à titre d'auditeurs, a fait successivement changer l'ancien usage. Le nombre des auditeurs s'est continuellement accru, et c'est présentement devant le public que se tiennent, depuis plusieurs années, les séances ordinaires de chaque lundi. Dès-lors, encore plus de réserve dans les communications de membre à membre; nécessité d'écrire avec un peu plus de solennité : négligence ou timidité quant à l'apport de ces petits faits acquis de la veille, et où l'on eut quelquefois l'occasion d'apercevoir le germe de très grandes découvertes. Mais, tout au contraire, chacun apportant aujourd'hui son mémoire, ne paraît le communiquer que pour prendre date, que pour le déposer dans un lieu d'archives publiques, jusqu'au jour de son introduction dans les collections académiques.

Si je signale ces inconvéniens, ce n'est point que j'en demande la suppression par une mesure violente, que je désire qu'on l'opère en déclarant les séances secrètes à l'avenir.

Non : d'autres temps, d'autres mœurs. La présence du public a sous d'autres rapports plusieurs avantages. L'encouragement des travaux est plus direct et atteint plus promptement son but : les relations de membre à membre gagnent peut-être à la gravité de ces nouvelles circonstances : et sans m'expliquer davantage sur cela, je demeure persuadé que les avantages l'emportent de beaucoup sur les inconvéniens : ce qui est doit être et sera donc maintenu.

Mais il y avait, il y a mieux à faire, c'est le maintien des avantages et la disparution des inconvéniens. Que les académiciens, sans s'inquiéter du grand nombre de témoins présens, prennent plus d'assurance, et qu'ils fassent à vue d'un nombreux public ce qu'ils faisaient réunis en petit comité dans l'ancienne Académie; et tout sera pour le mieux. Nos mœurs s'y prêteront de plus en plus.

Or, voilà l'exemple que vient de donner M. le baron Cuvier : j'y applaudis pour mon propre compte, et je fais mieux que de le dire, en prenant de suite la confiance de vous adresser les présentes observations.

2° Sur le fond de l'argumentation je n'abuserai pas long-temps aujourd'hui de la patience de l'Académie ; j'y aperçois deux choses distinctes, deux questions ; l'une qui concerne deux jeunes savans qu'il m'avait paru utile d'encourager, et l'autre qui me regarde personnellement.

Premièrement. MM. Laurencet et Meyraux avaient-ils devancé de beaucoup l'heure propice pour ramener les mollusques aux faits généraux de la science? Par leur idée nouvelle et ingénieuse, comprennent-ils mieux, en effet, que leurs prédécesseurs, doivent-ils faire mieux comprendre l'organisation de ces animaux? Ce soin les regarde, et je leur laisse toute cette responsabilité, c'est-à-dire tous les devoirs, les dangers, mais aussi la gloire d'une réplique à produire. Quant à moi, je les ai loués seulement d'être entrés courageusement dans une nouvelle voie de recherches, d'avoir demandé à une comparaison approfondie des organismes de nouveaux rapports ; c'était justice, et je m'applaudis toujours de la leur avoir faite bonne et éclatante : car je crois toujours qu'il y a du mérite dans leur vue principale.

Sans le moindre doute, j'ai agi avec une vive préoccupation de l'esprit; mais je ne me reproche ni excès de bienveillance, ni légèreté. Les considérations dont je ne puis même à présent me dégager, sont, que de grands et importans organes existent chez les mollusques comme chez les poissons, et qu'on leur y donne le même nom, mais de plus, qu'on le fait avec raison, puisque ces principaux organes y affectent des formes semblables et y remplissent des fonctions identiques. Que plusieurs renseignemens n'aient pas encore été donnés, par le progrès des études philosophiques, les points de ressemblance reconnus n'en restent pas moins des rapports avérés. Or, que conclure de ces rapports, d'eux et avec eux? C'est, je ne me défends pas de le dire sur pressentiment, de me décider tout-à-fait *a priori*, c'est que tant d'organes semblables ne peuvent se rencontrer chez les mollusques, dans un contre-sens manifeste les uns à l'égard des autres et pour y donner le spectacle d'un autre système de composition animale.

J'ai dit dans mon Rapport, et je persévère dans le même dire, qu'il y a plus de chances, pour faire admettre la supposition, que les mollusques seront ramenés dans une mesure quelconque à l'unité de composition qu'en faveur de la conclusion qu'on n'y réussira jamais.

Deuxièmement, l'argumentation attaque directement le fond de ma doctrine, les questions de l'unité de composition organique. Ne serait-ce effectivement, comme cette attaque le donne à entendre, qu'une de ces fausses doctrines, produit fâcheux de propositions illusoires, de chimères prétendues philosophiques [1], telles que l'abus dans l'emploi des

[1] J'apprends que les *Considérations sur les mollusques et en particulier sur les céphalopodes*, c'est-à-dire, tout le mémoire auquel ce présent article a répondu verbalement, le même jour 22 février, s'imprime dans la Revue encyclopédique, pour paraître dans le cahier d'avril 1830, tome 46. Je ne puis m'inquiéter de cette publication paraissant sans les plaidoiries que j'y ai opposées, quand je considère que ce vaste recueil contient depuis long-temps les plus forts argumens en faveur de ma doctrine. M. le docteur Pariset en a donné les principes généraux, tome III, page 32; M. Flourens y a consacré aussi un article dans le tome V, pag. 219, sous le titre d'*Essai sur l'esprit et l'influence de la* PHILOSOPHIE ANATOMIQUE; article où son auteur conclut que « la marche philosophique imprimée désormais « à la science de l'anatomie comparative, en rendra facile une « application directe et rigoureuse, et que M. G. S. H. lui aura « acquis tous les genres de perfection : car il l'aura généralisée « et popularisée. » Je citerai encore un troisième article de la Revue encyclopédique, publié dans le cahier de février 1823, tome XVI; il est de M. Frédéric Cuvier. Le dernier paragraphe de cet article semble avoir été écrit sous une inspiration toute prophétique. Les circonstances difficiles aujourd'hui pour moi

bonnes choses, en a si malheureusement et si souvent fait éclore. Ceci me concerne uniquement, et j'en prendrai personnellement souci. On sait que

me feront pardonner de l'employer textuellement. « Un ouvrage « (Philosophie anatomique, tome II) rempli de tant de faits, « de tant d'aperçus nouveaux, dans lequel on s'est si fort écarté « des sentiers battus, ne peut manquer d'exciter un grand inté- « rêt et de faire naître de nombreuses et vives discussions. On « n'arrive pas non plus au pouvoir dans les sciences, sans avoir « des combats à soutenir et des rivaux à vaincre. Celui qui veut « entrer dans la lice du savoir a aussi besoin de force et de persé- « vérance : mais au moins, dans ces combats pour la vérité, « tous les efforts sont utiles, tous tendent à la faire paraître plus « vive et plus resplendissante; aussi, sans avoir des droits « égaux, ils en ont d'incontestables à l'estime et à la reconnais- « sance. Dans ces sortes de débats, c'est le temps qui éclaire et « la postérité qui juge : et s'il est quelquefois permis de la de- « vancer pour applaudir, c'est lorsque les auteurs, ainsi que « M. Geoffroy, rendent aux sciences d'éminens services, à l'*Uti-* « *lité. Utilitati* est en effet l'épigraphe de l'ouvrage dont nous « venons de donner une rapide analyse. » F. CUVIER; *Revue* etc.

Je terminerai cette note par faire remarquer que le zèle de mes amis ne s'est point refroidi dans ces temps affligeans de nos dissentions, puisque, tout en se montrant plein d'égards pour une très haute position scientifique, et surtout de cette juste déférence due à un collègue que l'on supplée dans ses cours, M. Flourens n'a pas reculé devant la difficulté de parler pour son compte de la respiration des poissons, dont les faits sont précisément et actuellement en discussion devant l'Académie royale des sciences. Je juge de cela du moins, d'après le Mémoire que M. Flourens a lu le 12 avril dernier, et sur l'extrait c'est le rêve heureux ou malheureux de ma vie scientifique. Là ont abouti toutes mes recherches, les travaux de quarante années entrepris avec courage et suivis avec persévérance. Voilà ce qu'il serait regrettable d'avoir fait sans fruit, mais je n'en suis pas encore réduit à ce point. Les paroles que je viens d'entendre n'ont en rien ébranlé mon intime conviction; c'est tout ce que je puis me permettre de dire en ce moment. Je défendrai ce qui est propre à ma doctrine autrement que par cette allégation, et je le ferai par un mémoire que je me flatte d'apporter lundi prochain.

suivant que j'emprunte au compte que, le lendemain 13, le *National* a donné des lectures académiques de la veille.

« Après la lecture de ce mémoire, M. Geoffroy Saint Hilaire « demanda la parole. On devait penser que c'était pour faire « remarquer que son collègue venait de traduire et de faire « pour les fonctions, ce qu'il avait exposé et établi dans l'avant- « dernière séance, au sujet de la conformation des poissons : « l'unité de fonctions ressort effectivement du mémoire de « M. Flourens, comme l'unité de composition organique avait « été l'objet du mémoire de M. Geoffroy sur la théorie des « analogues. Mais l'honorable membre s'est borné à recom- « mander à l'examen de son collègue le thon, *scomber thynnus*, « comme devant lui fournir de nouvelles et de plus puissantes « preuves à l'appui de sa théorie. La chair rouge et la vitalité « très grande du thon, sont simultanées avec l'ampleur exces- « sive des branchies de ce poisson. »

DE LA

THÉORIE DES ANALOGUES,

Pour établir sa nouveauté comme doctrine, et son utilité pratique comme instrument.

(Séance du 1er mars 1830.)

Je viens répondre à l'argumentation dirigée, dans la dernière séance, contre mes écrits, et spécialement contre de certaines règles que j'ai posées en histoire naturelle.

Il faut fermement vouloir, si l'on se propose d'amener son esprit à l'oubli d'allusions pour blesser, à cette parfaite indépendance, qui laisse entièrement aux soins des choses : j'aurai, je me flatte, cette force de caractère.

J'agis même sans de pénibles efforts. Les points à résoudre sont des questions vitales en philosophie, et l'on concevra facilement que seules elles doivent préoccuper mon esprit, et que je ne puisse être sensible qu'à leur influence sur le perfectionnement moral de la société.

Je n'ambitionne point un succès qui tiendrait au talent de bien dire. Je n'emploîrai donc ni art ni précautions oratoires dans mes récits : je veux rester dans le vrai, aussi bien pour moi que pour le lecteur : aussi ferai-je en sorte que le plus simple bon sens me suive sans peine, et vienne à s'apercevoir, sans efforts comme sans retard, de la plus petite erreur, ou du plus léger défaut de jugement qui pourrait m'échapper.

Pour cet effet, je n'ai qu'à raconter quelles furent mes préoccupations successives, qu'à me montrer agissant sous le développement de mes idées, et qu'à grouper ensemble les motifs qui m'ont fait imaginer les principes d'une doctrine qui, très certainement, m'est propre, et que j'ai fait connaître sous le nom de *Théorie des analogues*.

A mon début dans le professorat, en 1793, il n'y avait eu à Paris aucun enseignement de zoologie. Tenu de tout créer, j'ai acquis les premiers élémens de l'histoire naturelle des animaux, en rangeant et classant les collections confiées à mes soins. Cependant, pour demeurer définitivement fixé sur le meilleur système de classification que j'aurais à suivre, j'ai eu d'abord à me rendre compte de la valeur des *caractères* ; c'est-à-dire, à rechercher, par des essais longs et pénibles, ce que ces caractères devraient m'offrir de constant et d'utile en différences propres à servir à la distinction des êtres. Or, de chaque séance que je faisais journellement dans les cabinets du Jardin du Roi, je recevais une impression qui, se reproduisant toujours la même, me porta à cette vue pour l'esprit, c'est que tant d'animaux, que je tenais pour différens et qu'en leur imposant un nom spécifique je traitais comme distincts, ne différaient cependant que par quelques légers attributs, modifiant plus ou moins une structure généralement et évidemment la même. Ce n'était, effectivement, qu'une modification légère, dès que j'apercevais nettement que le point différencié ne portait pas sur ce qui aurait pu être nommé la condition essentielle des parties; il n'affectait que leur dimension respective. Ainsi, à l'égard d'animaux voisins, chacun des matériaux organiques reparaissait en sa totalité. Pour qu'il y eût diversité d'espèces, il suffisait de la plus petite variation dans le volume proportionnel des matériaux associés et constituans, de la plus faible altération dans des dimensions qui ne changeaient en rien les rapports essentiels. Et c'est au point, qu'une légère nuance dans la couleur suffit même quelquefois pour la distinction de deux êtres, comme cela se voit à l'égard de la fouine et de la martre, par exemple; deux espèces que l'on ne confond jamais, et qui cependant ne diffèrent guère que par la teinte de leur gorge lavée de jaune chez la martre, et entièrement blanche chez la fouine.

Combien de fois je me suis rendu compte de la valeur de ces idées en étudiant ainsi d'ensemble les collections du Jardin du Roi! Qu'il m'arrivât d'être placé à une certaine distance, je saisissais un effet général où disparaissaient toutes les différences de peu d'importance. En face des armoires d'ornithologie, je n'apercevais sur les rayons que la répétition, un grand nombre de fois multipliée, du type *oiseau;* c'est-à-dire que je ne distinguais que les traits généraux, savoir, la tête, le cou, le tronc, la queue, les ailes, les pieds; chez tous les individus, c'était des plumes pour tégumens; chez tous, un bec de corne entourant les mâchoires: toutes choses exactement répétées, et qui, de plus, existaient en des places respectivement les mêmes.

Cette même expérience, tentée à l'égard des mammifères, exigeait pour qu'ils fussent également embrassés dans les mêmes considérations, que je me tinsse à une distance plus grande; et de même, par une progression toute naturelle, c'était nécessité de s'éloigner bien davantage des sujets à observer, si je me proposais de comprendre sous le même aspect, et dans le même but de recherche, des animaux caractérisés par des différences plus multipliées et plus considérables, tels, par exemple, que pouvait l'offrir l'observation simultanée d'un mammifère, d'un oiseau, d'un lézard, d'une tortue ou d'une grenouille; car, dans ce cas même, la quantité de leurs différences, bien que donnant lieu à un sentiment de plus larges intervalles, ou hiatus, entre ces mêmes animaux, n'en restait pas moins une quantité en différence de beaucoup inférieure à la somme des rapports, au moyen desquels ces animaux s'appartiennent, sont rangés dans la même classe, et font partie du même groupe, dit *embranchement des vertébrés.*

Voilà quelles furent mes premières impressions comme zoologiste. Des dissections entreprises sous l'influence de ces impressions y répondirent; tous les organes intérieurs étaient dans un rapport parfait avec ceux de la périphérie de l'être. Un afflux de sang artériel arrive à point nommé pour amener à sa formation définitive chaque portion de cette périphérie : mais pour fournir à une distribution aussi régulière, ce sont au dedans une quantité d'appareils compliqués, où l'observateur peut croire à quelque chose d'inextricable, mais où tout a sa raison, où toutes choses sont parfaitement coordonnées. C'est un même arrangement de systèmes analogues, en sorte que le zootomiste arrive au même point d'impressions et de croyances que le zoologiste, et que c'est en définitive un fait bien acquis de philosophie naturelle que les animaux sont décidément le produit d'un même système de composition, l'assemblage de parties organiques qui se répètent uniformément.

N'est-ce que cela que vous entendez, me dit l'argumentation qui m'a été opposée : « C'est une « chose vraie dans de certaines limites, mais aussi « vieille dans son principe que la zoologie elle-

« même et à laquelle les découvertes les plus ré-
« centes n'ont fait qu'ajouter dans certains cas des
« traits plus ou moins importans sans en altérer la
« nature. »

Ce point précis et spécial de la discussion, je l'examinerai à part. Mais je ne suivrai pas l'argumentation sur une distinction qu'elle m'a prêtée et que je n'ai jamais faite, quand elle veut qu'on s'entende sur ces grands mots [1], *unité de com-*

[1] Si j'en juge par des communications soit écrites soit verbales dans des résumés improvisés, il paraîtrait qu'on a trouvé bien faible ma réponse faite touchant *ces grands mots*, ou bien puissante l'objection dont ils sont l'objet. On y est revenu avec confiance. On a fouillé dans les dictionnaires : le mot *composition* y a une valeur bien différente de celui de *plan*, et réciproquement. On annonce que j'ai admis d'une part l'*unité de composition*, et d'autre part *l'unité de plan* ; or, faites la somme de ces deux unités, et voilà toute cette philosophie renversée. Le système de la nature n'est plus *l'unité philosophique :* il n'y aurait de vrai qu'un système de PLURALITÉ DES CHOSES.

Je n'avais, il est vrai, aperçu dans la discussion sur ce sujet qu'un débat sur les mots purement grammatical. Cependant, aurais-je, dans mes expressions, énoncé véritablement la distinction qui m'est prêtée? c'aurait été fait contre mon intention. Voici plus exactement ma pensée : La *composition* des parties, sans être la même chose que leur *relation*, comprend ou plutôt appelle celle-ci, comme en étant une conséquence nécessaire. Mon *principe des connexions* me tient lieu de boussole et me garde d'erreur dans la recherche des matériaux identiques. Ainsi, selon la nature de chaque organe, le même sujet d'observation *position* et *unité de plan.* Tout ce qui est précédemment accordé comme vrai, savoir : que les animaux sont le produit d'un même système de composition; je l'ai appelé *unité de composition organique.* Il fallait, pour plus d'exactitude : *unité de système dans la composition et l'arrangement des parties organiques;* mais je voulais un nom, et je n'y pouvais satisfaire que par la contraction de cette phrase, suivant en cela l'usage, qui a fait dire, par exemple : *tribunal criminel,* au lieu de la phrase : *tribunal institué pour juger les causes au criminel.*

Il y aurait sans doute beaucoup à dire en faveur de l'expression : *unité de composition organique*, même pour justifier celle d'*unité*, plus spécialement attaquée : je me borne à rappeler l'exemple donné par Leibnitz, cette définition de l'univers, l'*unité dans la variété.* Mais laissons les mots pour ne nous occuper que des choses.

Je reviens à l'observation qui m'a été faite : « Est-ce, a-t-on dit, de ces ressemblances, de ces analogies seulement, que vous entendez parler? »

revient chez tous les animaux, et donne sa condition d'élément, d'unité de composition, et subséquemment c'est sous la raison nécessaire qu'il est placé dans telles et telles relations, c'est-à-dire, sous l'empire de connexions constantes à l'égard des matériaux qui l'avoisinent. Je ne vois là ni confusion dans les termes ni obscurité dans la pensée.

Oui, je réponds, cela seul constitue les doctrines de l'analogie des organes, et je me hâte d'ajouter qu'au commencement de ma carrière, je croyais qu'il n'y avait rien là dont je dusse personnellement me prévaloir. Comme M. Cuvier, qui en fait, dans l'époque actuelle, l'objet d'une considération nouvelle, j'avais moi-même autrefois admis « que loin « de fournir des bases nouvelles, des bases inconnues « à tous les hommes plus ou moins habiles qui les « ont cultivées jusqu'à présent, ces idées du rap- « port des êtres, restreintes dans des limites con- « venables, formaient, au contraire, une des bases « les plus essentielles, sur lesquelles la zoologie re- « pose depuis son origine, une des principales sur « laquelle Aristote, son créateur, l'a placée; base « que *tous les zoologistes dignes de ce nom* ont « cherché à élargir, et à l'affermissement de la- « quelle tous les efforts de l'anatomie sont con- « sacrés. »

J'ai partagé de bonne heure ces pressentimens; et même pour en être plus vivement pénétré, je ne me suis point contenté de croire au récit d'Aristote. D'abord, je n'ai jamais manqué de citer Aristote dans mes ouvrages, comme la première source des doctrines sur les analogies de l'organisation; mais j'ai voulu recevoir un enseignement aussi élevé des faits eux-mêmes. Je me suis donc longtemps appliqué à leur appréciation; j'ai demandé à l'étude des détails, aux lumières d'une observation directe, des élémens d'une plus intime conviction. Alors les faits acquis et médités dans cet esprit, comparés les uns aux autres, et me révélant des rapports où l'on n'avait jusque là aperçu que d'absolues différences, ont enfin fait naître en moi ce sentiment net autant que profond du rapport des choses, dont je suis présentement pénétré.

Et comment n'aurai-je point marché sur les traces de tant de maîtres habiles? Les doctrines d'Aristote étaient aussi devenues le pressentiment réfléchi de tous les esprits supérieurs qui s'exercèrent depuis lui sur cette matière.

Ainsi, Belon, en 1555, plaça en regard les squelettes d'un homme et d'un oiseau, et il essaya de montrer la correspondance des mêmes parties, sinon déja par des noms semblables, du moins par des lettres communes.

Bacon, qui remarque dans son *Novum organum* tout le bien pratique que dans l'étude de la nature on doit retirer de l'examen de la diversité des êtres, croit cependant qu'on pénétrerait mieux dans la profondeur des choses, si l'on demandait la raison de la composition animale aux faits d'analogies et de similitudes. Aussi recommande-t-il, comme devant devenir la qualité la plus utile en philosophie, une certaine sagacité active qui rend capable de rechercher et de saisir les conformités physiques.

J'ai déja employé dans un des discours préliminaires de ma *Philosophie anatomique* le souvenir d'une inspiration soudaine de Newton. Son génie, entré en méditation sur les rapports et l'uniformité des masses planétaires, fut tout-à-coup frappé de l'idée que les mêmes vues étaient également applicables aux animaux : « Et oui, aussi, s'écrie Newton en terminant son livre de l'Optique; oui, « sans le moindre doute, l'organisation animale est « soumise au même mode d'uniformité. *In corporibus animalium, in omnibus fere, similiter posita omnia.* »

Enfin, n'est-ce point sur l'idée, que les êtres d'un même groupe s'enchaînent par les rapports les plus intimes et sont composés par des organes analogues, que repose l'échafaudage des méthodes en histoire naturelle.

Telles furent d'origine les idées de la zoologie; je les reçus ou conçus de bonne heure. Mais surtout elles me frappèrent d'une toute parfaite conviction vers le milieu de ma carrière. C'est aussi ce qu'en pense réellement M. le baron Cuvier selon les termes précités de son mémoire. D'après cela, il faudrait conclure que nous sommes bien près de nous entendre sur le fond des choses.

Mais non; je dois accorder à M. Cuvier qu'il y

a dissentiment entre nous, et je crois même que ce dissentiment est plus grand que M. Cuvier lui-même ne le soupçonne. Essayons d'en préciser nettement l'objet.

D'abord, M. Cuvier n'admet de ressemblances philosophiques, d'analogies d'organes que dans des limites étroites : où il trouve à restreindre ces considérations, je crois nécessaire de les étendre sur un beaucoup plus grand nombre d'animaux. Or, cela même est explicable par une double cause, 1° par ce que comporte le mieux jugé du fait en lui-même; 2° par ce qu'en décide la susceptibilité des qualités naturelles des esprits, dont les uns s'appliquent de préférence à l'étendue superficielle des choses, et les autres à les connaître en profondeur.

En second lieu, M. Cuvier croit la science créée depuis deux mille deux cents ans. Aristote l'aurait dès « lors placée *sur une base qu'il n'est aujourd'hui* « *donné aux zoologistes dignes de ce nom que d'é-* « *largir*. En m'accordant que j'avais fait moi-même « une utile comparaison, une très réelle découverte, « quand je ramenai les têtes des mammifères dans « l'état fœtal à celle des animaux ovipares dans « l'âge adulte; et principalement quand je découvris « l'analogie de l'os carré des oiseaux avec la caisse « auriculaire des mammifères, M. Cuvier affirme « que j'ai seulement ajouté aux bases anciennes et « connues de la zoologie, que je ne les ai nulle-

« ment changées, que je n'ai nullement prouvé ni « l'unité, ni l'identité d'aucune composition d'or- « ganes, ni rien enfin qui puisse fournir un nou- « veau principe. Entre quelque analogie de plus « dans certains animaux et la généralisation de l'as- « sertion que la composition de tous les animaux « est une, la distance est aussi grande, et c'est tout « dire, qu'entre l'homme et la monade. »

Pour moi, je crois toutes ces assertions forcées, erronées même. Mais je ne puis m'élever contre elles qu'avec le sentiment d'une bienveillante estime, quand je réfléchis que vers le milieu de ma carrière elles avaient fait de même le fonds de mes propres opinions. Dès 1812 à 1817, j'ai connu toutes les difficultés de mon sujet; j'ai eu pendant tout ce laps de temps la faiblesse de les considérer comme insurmontables. Dans un cas sur lequel je m'expliquerai plus tard, je me suis donc cru arrêté par un obstacle que mon imagination grandissait d'une manière désespérante, où je voyais une sorte de muraille de Chine. Je pris à regret le parti de ne plus rien faire ni écrire touchant ces questions.

Cependant, ayant repris courage, fort d'études opiniâtres sur les poissons, et frappé de quelques aperçus lumineux, je sortis de ces difficultés : j'en vins à saisir des éclaircissemens précis, dont les heureuses influences ont enfin produit un ensemble d'idées, ensemble devenu aujourd'hui ma théorie des analogues.

Et en effet, rien de rigoureux n'était encore sorti de ce qu'on était convenu d'appeler, et de ce que j'ai moi-même long-temps nommé, la doctrine aristotélique. Mais pour rester dans le vrai, je reviens sur ce dire. Je ne dois, ni ne puis concéder que les écrits d'Aristote soient une source de doctrines sur l'analogie de l'organisation. Ce serait donc encore plus s'écarter de la vérité des faits que de reporter à ce grand homme tout ce qu'ont de sévères et de véritablement scientifiques les travaux entrepris de notre âge, que de lui attribuer effectivement des doctrines, une théorie, à l'invention desquelles l'anatomie philosophique devra de prendre rang parmi les sciences exactes. Ce qu'en cédant à l'évidence de quelques faits, Aristote avait pressenti *à priori*, je l'ai fait sortir avec certitude et l'ai déduit présentement *à posteriori* de l'étude comparative des faits eux-mêmes : ce qu'il avait laissé pour l'instruction des âges à venir consiste en quelques idées complexes et confuses, les unes vraies et les autres fausses. Celles-là excitèrent la sympathie des esprits supérieurs, et celles-ci trouvèrent en même temps des échos pour entraîner avec prédilection dans les études des différences

Or, est-ce vraiment une doctrine faite, digne d'intéresser à ce titre, qu'un mélange de données qui s'excluent mutuellement, et qui, par conséquent, vicient dès sa source le juste principe des analogies d'organisation. Il est évident que cette même confusion existe, tout autant que chez Aristote, dans l'argumentation qui m'a été opposée ; car on y a employé les organes pour tout ce qu'ils offrent à l'observateur ; on voit, comme en étant inséparables, en eux, eux d'abord, quant à leurs conditions d'élémens organiques, et à la fois leurs formes et leurs fonctions.

Certes, il a bien fallu que l'idée d'Aristote, comme elle a été comprise durant les siècles écoulés depuis lui, manquât de lucidité évidente : on s'y fût tenu dès l'origine. Tout d'abord mise en pratique, on n'eût pas connu de meilleur fanal, d'instrument plus parfait, de plus heureusement usuel dans les travaux zootomiques. Or, il en a été tout autrement dans un assez grand nombre de cas. Ouvrez les ouvrages des vétérinaires et des ichthyologistes, et vous y verrez que ces naturalistes font usage d'un langage à part, comme s'ils croyaient à une anatomie spéciale, comme s'ils entendaient parler d'organes qui ne fussent connus que d'eux seuls. La source de ces erreurs, c'est que, dans un cas, les fonctions étaient mises en première ligne, et que dans un autre, c'était la forme.

C'est alors qu'un conseil, que je donnai à tort ou avec raison, est intervenu : bien loin d'élargir et d'affermir la base anciennement admise, il la renversait entièrement; car il n'y était rien moins question que d'une marche diamétralement opposée. J'ai en effet proposé, s'il s'agit sous le point de vue philosophique de la recherche des analogies, de rejeter les considérations tirées des formes et des fonctions. Les formes, ai-je dit, sont fugitives d'une espèce à l'autre; cette vue s'applique avec plus d'extension aux fonctions, lesquelles croissent en importance comme les volumes, tout choses demeurant d'ailleurs dans le même état.

On n'a pas songé aux inconvéniens de faire de l'anatomie philosophique avec la consideration des formes : c'était tomber dans l'antilogie. Et en effet, conclure de l'observation des différences à des faits de rapports, c'était accepter des jugemens qui reposaient sur de perpétuelles contradictions d'idées. Cependant je suis loin de blâmer ce qui a été fait d'abord; on ne connût alors que ce mode défectueux; mieux valait cette marche irrégulière qu'un repos funeste : car ignorer sans le soupçonner, il n'est pas de pire condition pour l'humanité.

Quant aux fonctions, nous n'irons pas loin chercher un exemple qui justifie l'exclusion que nous faisons d'elles. Effectivement, qu'y a-t-il de plus parfaitement analogue que l'homme à sa naissance et l'homme adulte? Tous les appareils du mouvement progressif sont chez l'un comme chez l'autre; il en est de même des organes de la préhension, de tous en définitive. Or, faites qu'ils entrent en jeu, et vous trouvez que ce qui est facile ici, est là impossible. La main délicate de l'enfant ne soulèvera pas ce lourd marteau, qui est l'outil à tout moment employé par celle du forgeron. Cependant, comme identité de parties, c'est le même appareil; la structure est la même : mais autre est sa puissance, parce que la fonction suit le degré variable de toute dimension possible.

Étendons ceci à la comparaison de la dernière portion du membre antérieur chez les mammifères. Ce sera alors, sans que j'aie mérité le reproche d'avoir eu recours à une expression *emphatique*, que je pourrai dire mes vues utilement généralisées et concentrées sous le nom d'*unité de composition*, ou, ce qui serait étendue à explication dans cette phrase allongée, sous la dénomination d'*unité de système dans la composition* des parties examinées : car toute ma pensée exprimée par ces termes trouve dans ce cas une heureuse et complète exposition.

En effet, la structure du dernier quart du membre antérieur est la même : semblable emploi des phalanges, mêmes ajustement et disposition pour en faire des doigts, même appareil musculaire pour les étendre et les fléchir. Pourquoi donc ne dirai-je pas répétition uniforme de matériaux, n'y verrai-je pas une incontestable identité d'essence ? Tout cela est une même chose, soit dans cette espèce, soit dans celle-là : voyez cependant que la fonction diffère. Car ce dernier tronçon du membre antérieur est chez plusieurs mammifères employé diversement, devenant la pate du chien, la griffe du chat, la main du singe, une aile chez la chauve-souris, une rame chez le phoque, enfin une partie de jambe chez les ruminans.

Maintenant montrons que la théorie des analogues n'est point une répétition déguisée de la doctrine aristotélique, qu'elle n'en est pas une simple amplification, qu'elle reconnaît des principes propres, qu'elle a un but précis, qu'elle devient un instrument de découvertes, et qu'en s'en tenant sévèrement à l'objet en considération sous le rapport de son existence, c'est-à-dire, au fait anatomique, elle introduit dans les études des systèmes des animaux le seul élément scientifique propre à faire saisir toutes les conformités physiques du même rang.

1° Ce n'est point une répétition déguisée des anciennes idées sur les analogies de l'organisation : car la théorie des analogues s'interdit les considérations de la forme et des fonctions au point de départ.

2° Elle n'élargit pas seulement les anciennes bases de la zoologie, elle les renverse par sa récommandation de s'en tenir à un seul élément de considération pour premier sujet d'études.

3° Elle reconnaît d'autres principes; car, pour elle, ce ne sont pas les organes qui, en leur totalité, sont analogues, ce qui a lieu toutefois dans des animaux presque semblables, mais les matériaux dont les organes sont composés.

Ce point est fondamental dans ma nouvelle doctrine. Je vais chercher à le faire concevoir. Un organe s'entend de la réunion de plusieurs parties, qui, associées pour une même destination, concourent simultanément à la production des actes et des sensations des animaux. Cela posé, que quelques unes des parties composantes changent par allongement ou diminution, ou même viennent à manquer entièrement, cet organe, assez bien maintenu dans son ensemble, est toutefois frappée d'une variation sensible. Il en est de même, si, sans être entièrement soustraites, quelques parties en sont détachées pour être jointes à d'autres organes voisins.

Mais évitons toute abstraction, et expliquons-nous par des exemples. L'hyoïde de l'homme est composé de cinq osselets; celui du chat de neuf: à l'un comme à l'autre de ces organes, on a donné le même nom, et c'est, dira-t-on, à bon droit, en tant que l'un et l'autre remplissent un même usage. Sont-ils analogues? La doctrine aristotélique répondra affirmativement, sur le motif que les deux hyoïdes s'accordent dans un rapport élevé. La théorie des analogues se refuse au contraire à y voir une analogie complète, parce qu'il y a plus de parties dans un des hyoïdes et moins dans l'autre. Cette dernière devra d'abord satisfaire à son essence d'investigation; car elle ne peut prononcer avec sûreté qu'après qu'elle aura retrouvé les quatre osselets absens dans l'hyoïde humain, ou reconnu, du moins, des motifs à leur entière disparution. Ainsi, pour les sectateurs de la philosophie aristotélique, il suffit que la fonction soit aperçue; pour eux, tout l'appareil, soit avec cinq, soit avec neuf osselets, constitue un organe analogue. Tout au contraire, la théorie des analogues cherche quels sont, parmi les neuf pièces de l'organe au grand complet, les analogues des cinq dans l'hyoïde réduit à ce nombre; car elle fait porter l'analogie sur les matériaux seulement.

4° Son but précis est autre; car elle exige une rigueur mathématique dans la détermination de chaque sorte de matériaux à part.

5° Elle devient un instrument de découvertes.

Pour le montrer, reprenons l'exemple que nous venons de citer. En effet, elle devra se dévouer à l'esprit de recherches : elle devra s'enquérir des quatre osselets qui, absens dans l'hyoïde de l'homme, privent cet appareil d'être à son grand complet. Si elle n'a pas de motifs pour les croire entièrement disparus, elle les cherchera tout près, mais en dehors de l'organe réduit; et si elle veut redemander ces élémens anatomiques sans aucun tâtonnement, les retrouver sans recherches difficiles, elle pourra recourir à un autre principe, son associé, son guide fidèle; c'est le principe des connexions, sorte de fil d'Ariadne, qui retient dans la vraie route, et qui mène nécessairement à fin heureuse.

L'hyoïde des mammifères, arrivé au maximum de composition, est formé de neuf pièces, disposées en deux chaînes croisées, l'une longitudinale, établie au nombre de trois pièces, entre la langue et le larynx; et l'autre transversale, composée de six: trois à droite et trois à gauche.

A ces hyoïdes au grand complet des pièces, à cet appareil de neuf osselets, comparez ce qui en reste conservé dans l'hyoïde humain; vous trouvez que de mêmes matériaux sont identiquement présens dans les deux exemples; savoir:

1° Parmi les pièces de la chaîne longitudinale et entre la langue et le larynx, sont, du côté de la langue un os impair, ou l'arc médian : c'est le principal corps de l'hyoïde; et en arrière, du côté du larynx, des os pairs, ou les *grandes cornes* chez l'homme.

2° Pour former la chaîne transversale, il n'existe plus que les *petites cornes*, le corps au centre.

Et au total, telles sont les cinq pièces de l'hyoïde

chez l'homme : l'os médian, la paire des grandes cornes et la paire des petites cornes.

Où en vient la théorie, avec cette recherche? A constater que, chez l'homme la chaîne transversale est incomplète; qu'elle est réduite, à droite et à gauche du corps médian, à un osselet, même atrophié.

Cependant, étant donné l'hyoïde du chat et des autres mammifères, l'hyoïde au grand complet quant au nombre des pièces, un hyoïde de neuf pièces, serait-ce que chez l'homme, pour former ce nombre, il existerait en dehors et à la suite des petites cornes, par conséquent vers le crâne deux autres osselets complétant la chaîne transversale dont il a été parlé plus haut? Oui, voilà ce que donne l'observation. Ainsi, ce sont, à droite deux pièces, à gauche deux autres pièces semblables, qui manquent dans l'hyoïde de l'homme. Il y a cause à cet effet : la station verticale de l'espèce a produit ce résultat. C'est là sans doute une grave anomalie, si nous jugeons sur l'ensemble des mammifères de la règle à admettre pour cette classe d'animaux. La position droite de l'échine, principalement des vertèbres cervicales, qui en sont la première portion, et la très grande largeur de la base du crâne, sont l'empêchement qui a privé la chaîne d'être complétée, et de pouvoir se rendre, comme cela a lieu chez les autres mammifères, derrière l'oreille.

J'ai nommé, comme il suit, la chaîne transversale parvenue à son grand complet de sept pièces.

Stylhyal, cératohyal, apohyal, BASIHYAL, apohyal, cératohyal, stylhyal.

Cette chaîne se compose, dans l'homme, des trois pièces ci-après :

Apohyal, BASIHYAL, apohyal.

On voit, dans ce tableau, quelles pièces existent en plus chez le chat et chez les autres mammifères, se posant de même sur leurs quatre extrémités, et quelles, manquent dans l'homme, se tenant et marchant sur ses deux extrémités postérieures.

Mais cependant l'hyoïde de l'homme est-il absolument privé d'appui vers les parties latérales du crâne? il n'en est pas ainsi. Un ligament, provenant de chaque petite corne ou de l'apohyal, se prolonge latéralement et atteint l'extrémité de l'apophyse styloïde.

Mais, c'est là une circonstance nouvelle pour l'investigation de la théorie des analogues : les mammifères, chez lesquels toute la chaîne transversale est entièrement osseuse, manquent de ce long filet osseux, caractéristique de l'homme seulement. Dans le premier âge, ce filet ne tient point encore au crâne; c'est donc un os de la chaîne, comme chez les mammifères; mais, de plus, l'observation dirigée par les principes de la théorie, m'y a fait découvrir deux os primitifs. Retrouver chez l'homme le stylhyal et le cératohyal, devint l'œuvre de la théorie des analogues ; car toute prescience est le fait et le but des théories. De tels succès constatent l'utilité de leur invention.

Ce n'est point dans ce mémoire, où je ne traite qu'une question générale, que je dois insister davantage sur ce fait spécial. Plus de développemens, que d'ailleurs j'ai déjà donnés, dans le premier volume de ma Philosophie anatomique, seraient en ce lieu surabondans ; il me suffit d'ajouter que l'anatomie humaine avait déja aperçu et décrit les matériaux hyoïdiens manquant chez l'homme ; mais elle ne les avait observés que comme une dépendance du crâne. Dans son observation sans doctrine, elle ne vit là qu'une saillie en aiguille, soudée au tuyau auditif; ce qui lui avait suffi pour donner à ce démembrement de l'appareil hyoïdien le nom d'*apophyse styloïde.*

6° Enfin la théorie des analogues, pour devenir partout également comparative, s'en tient dans ce cas à l'observation d'un seul ordre de fait.

Elle est nécessairement exclusive à cet égard. Elle ne peut être à la fois anatomique et physiologique. Avant de demander ce que fera ce corps, il faut d'abord qu'il soit lui-même établi, qu'il le soit, indépendamment de sa forme et de ses usages. Tous les avantages de la nouvelle théorie lui sont procurés par cela, qu'au début de ses travaux, elle s'en tient à être anatomique, qu'elle porte son examen d'abord et uniquement sur l'objet en considération, sur lui comme existant, et qu'elle remet pour une autre étude la recherche de ses propriétés. Ainsi cet unique élément étant pris seul en considération, on le détermine avec rigueur; on le suit dans toutes ses métamorphoses, et, après qu'on l'a opposé à lui-même dans tous les êtres, on arrive à le connaître analogiquement; c'est-à-dire, à le comprendre dans l'unité philosophique, sans mélange d'aucune considération accessoire.

Ayons encore recours à un exemple pour établir ce fait. Est-ce d'un ongle qu'il s'agit? Les notions que la théorie des analogues s'appliquera à recueillir sur cet élément organique, sont toutes celles qui concernent son essence et ses communes propriétés, mais cela surtout indépendamment de sa forme et de ses usages, dont la considération n'a qu'une importance relative dans chaque espèce à part. Les différens volumes qu'il peut acquérir, s'il n'est point question d'un fait particulier, et si nous devons nous tenir dans le point de vue le plus général, ne sauraient former pour nous une considération de quelque intérêt. Car, que ce soit une coiffe épidermique mince et petite, comme chez les animaux *onguiculés*, ce qu'alors on nomme un ONGLE, ou bien que ce devienne une masse épaisse de corne, comme chez les chevaux, les ruminans, les animaux *ongulés*, masse pour laquelle l'usage, dans ce cas, consacre le nom de SABOT, la théorie des analogues, voyant ces coïffes de la dernière phalange des doigts, de son point de vue philosophique, les considère comme une seule et même chose; elle n'en fait aucune différence.

Qu'au second moment vienne l'étude des formes et des fonctions, l'attention se porte sur les métamorphoses de ces élémens identiques, pour en admettre les volumes différens et pour en connaître les divers usages.

Ceci n'est pas seulement un point de théorie sensible à la vue de l'esprit. La nature, dans ses méprises, que nous appelons des faits de monstruosité, nous en donne une démonstration complète pour les yeux du corps.

La règle, c'est-à-dire, le fait général pour tous les animaux ayant quatre extrémités, se montre dans la subdivision digitaire de la dernière portion du membre. S'il y a cinq doigts bien distincts, les cinq doigts n'arrivent qu'à une dimension peu considérable et respectivement la même à peu près : les ongles sont petits aussi, et par conséquent de volume à n'être que des ongles, selon l'acception la plus restreinte du mot. Mais s'il arrive que les doigts latéraux soient sacrifiés, parce que la principale partie de la nourriture profite aux doigts intermédiaires, comme dans les ruminans, chez lesquels deux doigts se développent avec hypertrophie, quand les deux autres demeurent frappés d'atrophie, ou bien, comme dans le cheval, étant dans le premier cas pour un doigt, et dans le second pour deux, les ongles se ressentent du même surdéveloppement, et deviennent des ongles épaissis, ou des *sabots*.

Le pied d'un ruminant, et plus encore celui du cheval, sont des cas d'exception, sont ce que par déférence pour l'aptitude et les habitudes d'exercice de notre esprit, nous disons, nous appelons des cas d'anomalie. C'est dans ces circonstances que j'ai vu la règle reprendre chez quelques chevaux monstrueux. L'honnête et savant M. Brédin, directeur de l'école vétérinaire de Lyon, m'a montré un cheval né avec trois doigts en devant et quatre en arrière. Rendu à Paris en 1826, j'ai publié ce fait, en rappelant qu'il en existait d'autres dans les annales de la science, savoir : un cheval didactyle, ayant, au rapport de Suétone, vécu dans les écuries de César; un autre cheval semblable, ayant appartenu à Léon X, etc.

Or, dans tous ces chevaux, que la monstruosité a ainsi ramenés à la règle commune, à la pluralité des doigts, les ongles sont restés ongles minces et petits, de véritables ongles, dans la plus stricte acception de ce terme.

Je m'en tiens, dans ce premier mémoire, aux considérations générales que je viens de présenter; et, je le déclare, c'est à peine si j'ai entamé ce sujet d'une fécondité intarissable. Je n'ai rien dit de mes travaux sur le crâne; de ceux destinés à ramener les poissons à l'organisation des animaux qui respirent dans l'air; et cependant, ce sont ces travaux qui ont fait recourir à plusieurs règles dont quelques unes n'ont point encore été ici mentionnées.

Là étaient toutes les difficultés du sujet : les aplanir, c'était montrer de nouveaux rapports; c'était, acquérant de tels résultats pour en composer le domaine de la science, généraliser; c'est-à-dire embrasser toutes les vérités particulières dans des considérations communes et elevées, dont, en définitive, la théorie des analogues n'est qu'une des expressions.

Dans le Mémoire suivant, j'entrerai davantage dans le fond de la question. Là, j'examinerai ce point particulier sur lequel portent nos débats; savoir, s'il faut, avec M. le baron Cuvier, de plus en plus restreindre, ou, au contraire, selon moi, de plus en plus augmenter le champ des considérations philosophiques.

Il me suffit, aujourd'hui, d'avoir montré que j'ai corrigé, renouvelé et précisé les anciennes idées sur l'analogie de l'organisation, et que j'ai substitué à l'inscience des opinions régnantes, une marche éclairée et certaine, qui est devenue une méthode utilement conseillère pour une sévère détermination des organes.

Je regrette, en finissant, et j'exprime toute ma douleur qu'il y ait eu choc d'opinion entre le plus ancien de mes amis et moi; mais je n'ai pu me défendre d'élever la voix. Car ce n'est point à mon profit que je l'ai fait; mais pour donner le developpement d'une doctrine que je crois parvenue présentement à un haut degré d'utilité. Ayant acquis, par l'emploi de ma vie et la poursuite d'un seul but, le caractère de l'*homo unius libri* de saint Augustin, expression que ce savant évêque appliquait à ceux qui recommandent une principale idée, j'ai dû saisir l'occasion qui m'a été offerte d'exposer comment je conçois cette seule chose, à laquelle JE SONGE TOUJOURS.

DE LA

THÉORIE DES ANALOGUES,

Appliquée à la connaissance de l'organisation des poissons.

(Séance du 22 mars 1830.)

Le système de l'argumentation qui m'a été opposée dans la séance du 22 février dernier fut composé de deux parties distinctes, des deux objections suivantes :

PREMIÈRE OBJECTION : *Si en insistant sur les analogies des êtres vous vous tenez dans d'étroites limites, vous ne dites qu'une chose vraie, convenue depuis* 2,200 *ans et posée par Aristote.* J'ai répondu, dans mon mémoire lu le premier de ce mois, que ma doctrine dite *théorie des analogues*, reposant sur les seules données de l'anatomie et à tous égards sur des principes différens, n'était point une répétition de la doctrine aristotélique.

SECONDE OBJECTION : *Pour arriver à un principe d'unité, vous sortez du champ des faits réellement comparables, vous lui donnez une étendue qu'il faudrait au contraire restreindre, afin de se renfermer dans de plus étroites limites.* C'est ce point que je vais aujourd'hui examiner en ce qui concerne l'organisation des poissons.

J'examinerai en outre plus tard la valeur de cette objection; la première fois, en ce qui concerne les anomalies des développemens organiques dans chaque animal, anomalies qui constituent les faits de la monstruosité; une autre fois, en donnant un précis de mes recherches sur la composition de la tête osseuse; et, dans un troisième mémoire enfin, en rappelant ce qu'il y a de rapports acquis à la science entre les animaux supérieurs et les crustacés, les insectes, et généralement tous les animaux articulés [1].

[1] Ces considérations, je me flatte toujours de m'en occuper; comme je les conçois, elles seront une révision de mes anciens travaux, auxquels j'aurai beaucoup à ajouter. Trop étendues dans leur objet, aucune n'a pu trouver place dans cette première publication.

Qu'en attendant, on veuille bien me permettre de déposer ici la pensée d'un rapport très élevé. Je hasarde sans doute beaucoup, en la privant de l'appui d'un grand nombre de faits indispensables à son développement.

Les insectes et les mollusques, si on leur donne pour chefs de file les êtres du centre de chaque série, sont très différens, et présentent surtout des traits importans à constater, encore moins pour leur extrême précision, que par un caractère très curieux de relations réciproquement inverses. Car d'ailleurs, si vous jugez des deux embranchemens sur leurs animaux des confins de chaque série, on voit ceux-ci rentrer dans une commune conformation,

Faut-il effectivement s'efforcer d'étendre de plus en plus, ou doit-on plutôt, au contraire, retenir dans des limites restreintes les applications du prin-

et se confondre à tel point que la borne de démarcation entre les deux grandes familles est difficile à placer.

La composition de l'animal n'est produite utilement qu'au moyen d'une distribution proportionnelle, régulière et harmonique des deux principaux systèmes, l'un pour la circulation des fluides, et l'autre pour l'excitation nerveuse. Il tombe sous le sens que, dans les développemens successifs et progressifs de l'organisation, le système sanguin et le système nerveux sont entre eux dans une raison nécessaire. Cependant, c'est à l'observation à fixer dans quelle mesure. Or, ce que chacun a pu remarquer comme un fait particulier, ce que chacun se trouvera savoir aussitôt qu'énoncée dans sa généralité, c'est la position respective de ces deux systèmes chez les insectes et chez les mollusques; c'est leur balancement inverse pour la quantité; d'où chaque groupe reçoit sa spécialité. Le système sanguin est en excès et au contraire le système nerveux est frappé d'atrophie chez les mollusques; c'est l'inverse chez les insectes. Cela explique le large hiatus que l'on a remarqué entre ces familles, spécialement à l'égard des êtres du milieu de chaque série, et aussi les rapports si nombreux qu'elles montrent à leurs confins; car, qu'il y ait des mollusques avec le système nerveux proportionnellement plus développé, et des insectes pareillement avec excès à l'égard du système sanguin, ce sont autant de conditions qui convergent vers le même point, pour ramener vers une commune conformation. Mais ce *va* et *vient* d'une organisation ici plus riche et là beaucoup moins, fournit ses faits pour des hiatus plus ou moins larges, sans compromettre en quoi que ce soit le principe de l'unité de composition organique.

cipe de la ressemblance philosophique des êtres? je n'entends traiter aujourd'hui cette question qu'en ce qui concerne l'organisation des poissons.

Toutefois, avant d'aborder ce sujet, je pressens et ne veux nullement écarter une objection qui pourrait m'être faite et que je pose comme il suit: « C'est de mollusques et non pas de poissons qu'il « s'est agi au commencement de ces débats : refuser « d'arriver au moment même sur le terrain de la « lutte, c'est se placer sous la prévention inévitable « d'un arrêt déja porté, sous le coup d'une décision « fermement prononcée et qui est consignée dans « la science de la manière suivante : *Les céphalo-* « *podes ne sont le passage de rien, n'étant point* « *résulté du developpement d'autres animaux, et* « *leur propre développement n'ayant non plus pro-* « *duit rien de supérieur à eux* [1]. »

La théorie des analogues puise dans ses règles

[1] On m'a reproché de chercher des détours pour éviter de répondre cathégoriquement sur les céphalopodes, véritable terrain de la controverse, au dire de plusieurs.

1° Je me suis expliqué sur le dessein que j'avais de laisser aux jeunes auteurs du Mémoire sur les mollusques, le soin et le mérite d'une réponse.

2° J'établis ici que je ne puis me dispenser d'étudier en premier lieu l'organisation des poissons.

Ce n'est point là refuser le combat sur le terrain des mollusques. Que le champ soit libre encore, lorsque je ferai paraître ma seun caractère d'inspiration et d'avenir. Le ton dogmatique, appliqué au jugement des cas différentiels, répugne surtout à ses allures. Que, non employée jusqu'à ce jour pour la détermination des organes des céphalopodes, elle soit à leur égard restée silencieuse, serait-il juste de s'en prévaloir pour une condamnation définitive? Non, certes. Qu'importe que l'on n'ait de faits acquis que pour les résultats suivans, que je reconnais volontiers? Les céphalopodes, qui occupent un rang élevé parmi les animaux inférieurs, n'ont encore été étudiés que sous le point de vue des larges intervalles de leur distance des groupes dont ils se rappro-

conde publication, j'aurai fait des recherches, et je les donnerai alors avec une parfaite sécurité.

Cependant, si dès ce moment il me fallait agir, il suffirait d'une remarque pour montrer comment porte à faux l'échafaudage des raisonnemens et des dessins dont on a cru pouvoir s'étayer. Tout repose sur l'objection suivante : « Nous admettrions à la « rigueur l'hypothèse de MM. Laurencet et Meyranx et la com- « paraison à laquelle elle donne lieu, si ce n'était qu'ils placent « le *cerveau* au devant du cou. »

Depuis les belles recherches de M. Serres sur le système nerveux des animaux, nous savons qu'il n'y a ni moelle épinière, ni *cerveau* chez les mollusques, non plus que chez les insectes. J'ai un instant cru et dit le contraire; l'argumentation en a fait la remarque. Alors que j'étais, ainsi que tous les naturalistes, sous l'empire des opinions et des erreurs de l'enfance de la science, j'ai eu ce tort : je le reconnais sans peine.

chent le plus. S'il n'est alors d'autres antécédens à leur sujet, la science seule est en défaut; rien n'établit donc encore que, dans la question qui a été agitée, l'avenir de la théorie des analogues soit, en ce qui touche les mollusques, pour le moins du monde compromis.

Que d'espoir, au contraire, pour que, dans la suite, les vraies affinités des mollusques soient enfin exposées et expliquées. Il n'est besoin pour cela que de poursuivre, par une autre marche et dans une mesure convenable, des recherches selon l'esprit de notre nouvelle méthode pour la détermination des organes : surtout qu'on ne demande aux faits que leur partie possible et seulement relative au degré d'organisation où ils sont observés. Car c'est d'animaux descendus de plusieurs degrés dans l'échelle zoologique qu'il s'agit, et par conséquent cela équivaut à considérer des êtres qui appartiennent à l'un des âges des développemens variables de l'organisation. Et, en effet, il est juste de considérer les mollusques comme réalisant à toujours l'un des degrés inférieurs de l'ordre progressif des développemens organiques, à les voir comme arrêtés à ce point, et pour cet effet, comme n'ayant point encore fourni une telle sorte d'organe, ou si celui-ci commence à poindre, comme ne l'ayant point encore produit au grand complet.

Voilà pourquoi je ne dois ni ne puis comparer immédiatement entre eux des degrés extrêmes de l'échelle. J'aurais à donner d'abord aux anneaux intermédiaires toute l'attention possible : autrement ce serait prendre le contre-pied de l'ordre logique des idées, et réellement commencer par où il convient au contraire de finir.

C'est ce que je ferais de la même manière, si je devais démontrer que le bourgeon qui apparaît d'abord appartient, mais dans un degré inférieur d'organisation, au même système de composition que la branche qui en doit provenir. Et, par exemple, appliquons ceci au bourgeon d'où proviendra le cep d'une vigne, richement chargée et ornée de grappes pendantes. Il ne serait non plus, ni raisonnable, ni logique, d'essayer une explication à cet égard, en omettant l'examen de tous les âges intermédiaires du rameau, la considération des degrés successifs du développement.

Il en est de même de chaque famille retenue dans les degrés du milieu de l'échelle : chacune correspond à l'un de ces âges que le bourgeon devra parcourir, pour qu'il vienne à produire sa branche et ses fruits au grand complet.

Cela posé, nous ne saurions nous écarter d'une situation donnée. Les poissons viennent après les reptiles, et en avant des mollusques; les poissons sont donc nécessairement cet anneau intermédiaire

8.

que l'ordre logique des idées nous appelle préalablement à examiner.

Mais d'abord, que se trouve-t-il d'établi à cet égard chez Aristote, dans les ouvrages de ce fondateur de l'anatomie comparée, source invoquée de toutes lumières? Quelque confusion y existe; on va le voir : Les mollusques ne sont pas des poissons, nous apprend son histoire des animaux, au liv. 4, chap. I, parce qu'ils n'ont pas de sang; puis, plus loin, au liv. 9, chap. II, il est dit qu'ils en font partie. Du moins Aristote range parmi eux le calmar; en ne voyant dans cette citation que l'effet d'une méprise, j'en conclus du moins qu'Aristote croyait les mollusques placés auprès des poissons.

Une autre question mérite un peu plus d'attention, celle de savoir si les poissons ont été, à l'égard de leurs matériaux constituans, ramenés aux animaux dont ils sont précédés, et avec lesquels on les a toutefois et à toujours classés. Si c'est encore là un fait laissé en question, on comprend qu'il doive être traité d'abord; car nous ne saurions laisser ce point de la discussion en arrière, sans le priver, au profit de la question générale, des faits les plus nécessaires et de l'action de leur puissance. Et en effet, que vous passiez des poissons légitimement renfermés dans l'embranchement des animaux vertébrés, d'eux parfaitement ramenés sur les animaux supérieurs par l'identité de tous les détails de leurs organes aux êtres de la seconde série qui viennent après, c'est se procurer l'appui d'une transition naturelle, c'est se ménager un avenir pour connaître mieux ces animaux des degrés inférieurs, qu'un hiatus manifeste, dit-on, sépare absolument, et que par conséquent il faudrait attribuer à un autre plan.

Plaçons ici une remarque; c'est que, si la lutte qui s'engage aujourd'hui avait eu il y a quinze ans les poissons pour objet, elle nous eut pris beaucoup plus au dépourvu que nous ne le sommes au sujet des mollusques; car alors personne ne s'était essayé *ex professo*, dans la carrière de la détermination philosophique des organes. Mais présentement, à la place d'une sorte de tatonnement et des ressources d'un instinct plus ou moins bien dirigé, nous possédons un corps de principes dans la théorie des analogues. Ainsi, il y a quinze ans, on eût tout naturellement dit, l'on eût facilement établi, en se fondant sur la doctrine aristotélique qu'il n'y avait aucun rapport appréciable et précis entre les animaux de la respiration atmosphérique et ceux de la respiration aquatique, à l'égard de leurs organes respiratoires. Effectivement une argumentation habile, possédant les faits comme ils existaient alors dans la science, sans être arrêtée par les décisions des méthodistes, par les données des classifications dès-lors approuvées, n'eût pas manqué de se prononcer en faveur de l'existence d'un type ichthyologique à part. Pour qui étudiait il y a quinze ans les organes de la respiration, les différences étaient partout, quand l'analogie des matériaux constituans n'apparaissait nulle part.

Mais enfin, après l'époque où l'on étudia les faits sous le point de vue de leurs différences, arriva celle de la recherche de leurs rapports; j'ai employé de quinze à vingt ans dans ces recherches quant aux poissons; et ce fut assez tard que j'en suis venu à penser, à admettre avec toute confiance qu'il n'y a pas de matériaux créés spécialement pour un type icthyologique; et que, par conséquent, il n'existe chez les poissons, de même que chez les animaux supérieurs à l'homme, pour en composer les organes respiratoires et autres, qu'un nombre quelconque de parties identiques, absolument les mêmes, essentiellement parlant, mais qui, susceptibles de varier dans leur volume respectif, puisent la raison de leurs modifications comme formes et comme fonctions dans l'influence des milieux, où ces mêmes parties sont appelées à se développer.

Je vais rendre ma pensée sensible, en citant un exemple appréciable par tout le monde. La rose qui a conservé ses étamines intéresse le botaniste sous le rapport du maintien de ses faits de famille, et la rose qui les a perdues, par une transformation en pétales, n'en plaît que davantage au jardinier, dont elle embellit les parterres. Mais pour le philosophe qui échappe aux inductions de ces positions spéciales, ces deux sortes de roses sont un seul et même végétal, variable sous l'influence des milieux ambians; car cette rosacée est composée de parties, les mêmes comme substance, identiques comme élément constituant. La forme et les fonctions de ces parties n'ont aucune importance dans ce point de vue; seulement, comme en disposent et l'influence et les réactions de son monde extérieur, cet élément est une étamine, ou bien un pétale; mais précédemment à toute qualité acquise, chaque élément est d'abord lui-même, puis capable de tous les volumes possibles, c'est-à-dire, susceptible de se maintenir dans un *medium*, de se restreindre au *minimum*, ou enfin d'être emporté au *maximum* de son développement; quelquefois jusqu'à subir les écarts de la plus étrange métamorphose.

Qu'y a-t-il eu de si habilement combiné dès l'origine des choses, pour qu'on soit reçu à nous opposer le *consensus omnium*, que semblent donner à la détermination des organes, leurs dénominations actuelles? Qu'aurait effectivement fondé, plusieurs siècles avant l'ère chrétienne, la doctrine aristotélique, pour qu'on s'en prévaille aujourd'hui, et qu'on soit en droit de déclarer qu'il s'y faut tenir? Il n'y a de réel en faveur du passé qu'une seule raison, laquelle n'est pas bonne, c'est qu'on n'a point soumis à révision les anciens usages, et qu'on s'est long-temps tenu satisfait d'opinions, qui cependant ne sont pas toujours restées stationnaires. Nous sommes les premiers à publier que, durant les siècles, et principalement par les soins de l'Auteur des leçons sur l'anatomie comparée, un savoir très étendu, les ressources d'une sagacité exquise, et le bonheur de laborieux efforts ont fait découvrir un grand nombre de précieux rapports, tous inaperçus dans l'enfance de la science. Les travaux de Perrault, de Daubenton, de Vicq-d'Azir, etc., mais particulièrement ceux de 1795, et des années suivantes, ont commencé à faire de l'anatomie comparée une science positive.

Cependant quels avaient été les inspirations et les procédés d'Aristote? Comment comprenait-il et les rapports et les traits différenciés des êtres? Je distingue, a-t-il écrit, *deux sortes d'animaux, les uns qui ont du sang, et les autres qui n'en ont pas*. Cette division et l'idée sur laquelle elle repose ont été toujours reproduites; au temps de Linnéus, on disait *animaux à sang rouge et animaux à sang blanc;* de Lamarck a recommandé et fait adopter cette autre formule, *animaux vertébrés et animaux invertébrés*.

Pour Aristote, il y avait donc des animaux de deux sortes; mais remarquez; il ne dit pas de deux types, il les fait au contraire sortir d'un type primordial. Il y a d'abord, selon ce philosophe, des animaux : les considérant ainsi abstractivement, il prend cette vue générale pour un premier fait, et ce n'est que secondairement qu'il aperçoit en eux des qualités distinctes. L'organisation animale est donc fondée dans les idées d'Aristote sur quelque chose d'essentiel et de primitif, qu'il n'a malheureusement pas spécifié; en ajoutant, sur un même système de composition pour les organes, nous complétons sa pensée.

Dans cette première partie des vues d'Aristote, nous ne différons point : la priorité de ces vues lui reste par conséquent acquise; mais quant à la seconde partie de son ancienne doctrine, nous différons totalement. Faute d'avoir compris que cette composition des organes, une au fond, essentiellement la même, comme résidant uniquement dans la considération de l'élément anatomique, était altérable dans une mesure quelconque de la part du monde extérieur, le philosophe grec a cru que les analogies de l'organisation, pressenties, aperçues par son génie, reposaient entièrement sur la considération des formes et des fonctions. Là est l'erreur introduite dans sa doctrine; erreur qui s'est perpétuée durant tant de siècles. C'est cette erreur dont nous garantit aujourd'hui la théorie des analogues, qui, s'étant fondue avec un principe vrai, a causé depuis tant de dissentimens. Ce principe vicié dans son application, et l'erreur qui en obscurcissait l'utile reflet, agirent simultanément pour inspirer également et les naturalistes qui tenaient à une réalité de différences absolues, et ceux qui prétendirent rallier et ramener les faits de variation à l'unité de rapports. Telles sont les idées confuses qui ont plus ou moins profondément pénétré dans tous les travaux de la précédente école, et dont on peut trouver un exemple remarquable dans le passage ci-joint. « *Il n'y a de ressemblance entre les organes des poissons et ceux des autres classes, qu'autant qu'il y en a dans les fonctions* » Cuv., hist. des poissons, tom. 1, p. 550.

De ressemblance absolue, sans le moindre doute; qui en pourrait douter? Cependant, comme il est placé dans cette phrase, le mot *ressemblance* est équivoque, pouvant être étendu dans un cas à ressemblance philosophique, puis dans un autre restreint à similitude parfaite.

A ce moment il serait peut-être utile au développement de ma thèse que, par un précis historique de ce qui fut pratiqué, je fisse ressortir toutes les inconséquences des procédés usuels dans l'imposition des noms qui furent attribués aux organes supposés identiques. Il y avait difficulté d'opérer quand on passait d'une famille bien connue à une autre placée à d'assez grands intervalles de celle-là. Les considérations tirées de la forme et de la fonction formaient le point de départ ; les céphalopodes et les crustacés gravissent ou rampent à la surface du sol ; lés appendices qui s'y emploient sont donnés pour des pieds. Chez les crustacès décapodes, ces appendices, les mêmes, essentiellement parlant, sont de trois sortes relativement à leur usage ; les antérieurs s'emploient à saisir la nourriture ; ceux du milieu à marcher ; et enfin les postérieurs ne portent à l'esprit que l'idée de leur inutilité, soit dans la locomotion, soit de toute autre manière. Or, tels sont leurs noms : *pates-machoires*, *pates ambulatoires et fausses pates*. Ainsi toujours la fonction est placée au premier rang des considérations invoquées : qu'il y ait ce motif de se décider, c'en est assez pour arriver à un nom commun ; douter pour mieux juger de cette considération, pour justifier de ce parti pris, ce ne serait pas aller au plus pressé ; il suffisait que la fonction se présentât sous un aspect nouveau. Dans ce cas, on ne se fait aucun scrupule ; des noms nouveaux interviennent. Ainsi ont été imaginé pour plusieurs des matériaux de l'organisation des poissons, les noms inusités chez les autres animaux vertébrés *d'opercule*, *de préopercule*, *d'interopercule*, *de subopercule*, *de rayons branchiostéges*, *d'arcs branchiaux*, *de branchies*, etc. Cependant la fonction dans ce cas invoquée, la fonction ne signifie qu'usage, service. Mais alors je le demande : usage, service, de quoi? Quelle partie corporelle aurait, se trouverait avoir cette fonction? Que sont en eux-mêmes, intrinséquement, ces matériaux? Voilà ce que vous laissez, sans même y avoir réfléchi, parmi les inconnus de votre problème : vous n'avez donc encore donné à l'objet de vos considérations qu'un nom provisoire.

Mais cet aveu précis, qui devait avoir l'avantage de présenter l'état actuel de la science, aucun icthyologiste n'a songé à le faire; d'où il est arrivé que toute omission à cet égard équivaut à une déclaration implicitement prononcée qu'il y a chez les poissons quelques matériaux détournés du plan commun, créés pour eux spécialement, qu'enfin c'est la nouveauté de ces parties qui a fait recourir à de nouvelles dénominations.

Or, une telle spécialité, je la conteste formellement. Je vais plus loin, je la tiens pour impossible. Et en effet, quand les poissons correspondent aux classes supérieures par la presque totalité de leurs organes, il faudrait admettre que sur un seul point, l'appareil respiratoire, cette correspondance serait en défaut. Faire une telle supposition, n'est-ce pas croire possible l'alliance de choses hétérogènes? n'est-ce pas vraiment retirer son principe d'existence à un composé organique, qui n'est et ne peut être que par les relations réciproques et l'harmonie de ses parties constituantes?

Mais cessons de nous occuper de ce qui s'est fait dans l'enfance de la science, de ce qu'il y a de vicieux dans les termes dont on s'est servi pour exprimer des idées non encore suffisamment élaborées: et voyons de plus haut notre sujet.

Il n'y a organisation animale que par l'intervention nécessaire et sous la puissance du phénomène de la respiration. Or, l'exercice de ce phénomène n'est possible que dans deux milieux différens, l'air et l'eau. Avec les différences de leur densité respective, ces deux fluides auraient pu également recevoir d'autres conditions d'existence, et, par exemple, se trouver agir avec une entière et réciproque indépendance relativement aux animaux.

Je ne me suis point d'abord donné cette hypothèse, mes premiers travaux ayant été faits sous l'inspiration des idées aristotéliques. Mais, parvenu au milieu de ma carrière, j'ai jugé nécessaire d'y recourir, pour examiner à fond la question de savoir, si les deux milieux, dont je ne pouvais méconnaître la puissante intervention, toute la force de réaction, ou bien avaient le pouvoir d'exiger que l'organisation animale fût préalablement pourvue des conditions d'un type à part, ou bien se trouvaient suffisamment appropriés aux conditions d'existence d'un seul type, dans ce cas préexistant à toute fonction; mais que chaque milieu aurait la ressource de modifier, c'est-à-dire, d'accommoder au caractère de sa densité spécifique.

Lacepède dut croire à la première de ces hypothèses, supposer l'action d'une double donnée primitive, considérer enfin l'organisation animale comme assujettie au développement de deux plans distincts, quand, dans le discours préliminaire de son histoire des poissons, il en vint à proposer une théorie nouvelle de respiration pour les animaux pourvus de branchies. C'est, selon les principes de cette théorie, l'eau en nature, et nullement l'air disséminé entre les molécules de l'eau, que les poissons respirent directement. La décomposition de l'eau serait produite par leur action vitale; un mécanisme à part, une autre sorte d'appareil respiratoire auraient ce pouvoir et donneraient ce résultat. On suit, dans l'hypothèse donnée, les deux élémens du liquide après leur séparation; chacun s'incorpore à sa manière dans la substance des organes. Cependant l'on ne trouva pas que les effets répondissent, quant aux degrés des différences, à la diversité de la cause. Des êtres, se développant sous l'influence d'un tel régime, devaient en justifier par des formes encore plus singulières que ne le sont celles des poissons, devaient donner des produits tout-à-fait bizarres, des reliefs à dépasser toutes les prévisions, les suppositions les plus exagérées.

Les faits interrogés, la seconde hypothèse en a paru la véritable expression : personne n'en doute aujourd'hui. Ainsi il n'y aurait, il n'y a véritablement qu'un seul système de composition organique, qu'un dessein primitif pour régler l'arrangement de ses parties, qu'un seul plan, enfin, unique à l'égard de ce qui forme l'essence et l'enchaînement des élémens compris dans toute formation organique. Mais ce système est altérable dans ses parties, de la part des milieux ambians, où il puise des élémens assimilables et la raison de sa variation sur chaque point; différence introduite par la diversité des volumes respectifs.

Quels faits auraient donné ces réponses avec autant de précision? Quelles recherches m'autorisent à m'y fier entièrement? Pour l'expliquer, il suffira de raconter ce qui m'est arrivé. De 1804 à 1812, j'ai agi sous les inspirations de la science comme elle existait alors. J'avais eu d'abord besoin, décrivant, pour le grand ouvrage sur l'Égypte, un poisson du genre tétrodon, de déterminer une pièce d'une grandeur démésurée; laquelle joue un rôle très remarquable dans le mécanisme de cette espèce. C'est un os long, qui tient lieu des côtes absentes. Sur lui arrivent et s'attachent, d'une part, les muscles de l'épaule, et de l'autre, les muscles intercostaux : ceux-là l'entraînent en devant, et ceux-ci par derrière : position variable, à laquelle se rapportent les phénomènes curieux du gonflement des tétrodons, et au moyen de laquelle ils passent d'une forme allongée à une autre entièrement sphéroïdale. Cet os, sur l'existence duquel reposent tant de faits curieux d'une industrie individuelle, il fallait l'appeler par son nom; mais ce nom manquait. Au lieu de le créer pour cette circonstance particulière et arbitrairement, je préférai le demander à la science, le tenir des déductions de l'analogie; et c'est de cette époque que datent mes premières recherches sur la ressemblance philosophique des organes. Je me fixai à l'idée que c'était une partie de l'épaule, et j'en donnai la détermination sous le nom d'*os coracoïde*.

De cet appareil ainsi ramené, je passai aux pièces adjacentes, m'attachant à parcourir de proche en proche toutes les régions anatomiques. Comme formes, c'était pour moi un spectacle nouveau : car rien, ou à peu près rien, de l'aspect que montrent les autres animaux vertébrés n'était conservé chez les poissons. Au fur et à mesure que les difficultés se multipliaient, j'avais l'espoir d'en triompher par un travail persévérant, quand je me trouvai définitivement arrêté.

Ce fut en abordant cette question : *Qu'est-ce que l'opercule?* Quelle partie de l'organisation des classes supérieures devra fournir son analogue? De 1809 à 1812, je fis d'inutiles efforts pour le savoir. Après beaucoup d'hypothèses, qui se trouvèrent de fausses spéculations, je me résignai; je m'arrêtai devant cet obstacle, que je considérai décidément comme insurmontable.

Mes recherches, d'abord si ardemment poursuivies, n'étaient donc plus vivifiées par le principe qui les avait inspirées; plus d'espoir d'en faire l'application à la totalité des organes : et ce qui rendait cette crise encore plus pénible, c'est que l'obstacle qui m'arrêtait me faisait douter de la réalité des rapports précédemment trouvés. Je ne ramenai ma pensée sur tant de labeurs inutiles qu'avec un sentiment très vif de regrets. Cependant, en 1817, un éveil de l'esprit m'avertit que les cinq années de mon involontaire repos ne s'étaient point infructueusement écoulées. Je crus enfin à la solution de cette question : *Qu'est-ce que l'opercule des poissons?* lorsque je vins à savoir que les trois os de la plaque des ouïes sont analogues à la chaîne des osselets, nommés spécialement chez l'homme et les mammifères les petits os de l'oreille.

Dès ce moment je repris courage et recommençai mes travaux pour ne plus les abandonner. Mes idées, fixées désormais, acquirent de l'étendue. Les obstacles eux-mêmes qui m'avaient arrêté, examinés dans ce qu'ils avaient de portée, furent appréciés. En ramenant ma pensée sur les fautes que j'avais commises, ces souvenirs devenaient pour moi une source tellement utile d'instruction, qu'engagé dans de profondes méditations à leur sujet, je fus insensiblement amené sur la chaîne des faits : ayant saisi leur ensemble, je les vis aboutir enfin à de hautes et importantes généralisations, à l'établissement de quelques règles et à la révélation de principes, qui sont le fondement de ma théorie des analogues.

On conçoit maintenant que, me reposant sur un tel appui, sur une théorie ainsi déduite d'un grand nombre de faits et de propositions générales fournissant leurs justifications, je ne m'étonne plus des transformations que subissent les parties employées dans l'acte de la respiration. Nécessairement les mêmes fondamentalement, car elles doivent exister en harmonie avec les autres systèmes organiques, dont les rapports communs ne sont point contestés; nécessairement, dis-je, les mêmes au fond, elles arrivent juste à l'état de transformation, où il faut s'attendre à les trouver. Car elles doivent être, et elles sont effectivement modifiées et accommodées sur la nature diverse des deux milieux, l'air et l'eau, où elles sont appelées à entrer en exercice. Ce serait même un fait inexplicable, un effet manquant à sa cause, que ces parties de l'organe respiratoire ne répondissent pas par une variation de formes proportionnelle à la diversité de densité des deux milieux. Voilà comment les grandes métamorphoses des pièces respiratoires ne devinrent pour moi qu'un fait simple, que la conséquence de prémisses aperçues.

Cela posé, je me suis demandé ce que deviendraient les matériaux employés dans le jeu des phénomènes de la respiration s'il fallait qu'ils entrassent successivement en fonction dans les deux milieux, et j'ai trouvé que le fait lui-même répondait péremptoirement. Il n'est besoin, en effet, 1°, quant au milieu atmosphérique, que d'accroître les surfaces de l'appareil, de l'augmenter en longueur, de l'établir dans le centre de l'animal; car l'air élastique peut s'insinuer dans les retraites les plus profondes, s'il lui est, à cet effet, ménagé une issue : et 2°, quant au milieu aquatique, que de rapprocher toutes les parties de l'appareil, de les concentrer et de les amener au dehors de l'animal, pour qu'elles puissent être continuellement immergées dans le milieu ambiant; liquide sans ressort, dans lequel chaque molécule du sang n'a plus que la ressource d'un contact immédiat pour vaincre plusieurs résistances, la cohésion de l'air avec l'eau et celle des deux élémens de l'air lui-même. Or, voilà ce que des recherches *à posteriori* et poursuivies durant vingt ans de ma vie, m'ont fait connaître comme étant ce qui existe, comme donnant en réalité le rapport des animaux avec leurs milieux ambians.

Oui, sans le moindre doute, tout l'appareil respiratoire n'est que modifié en deux systèmes [1] : les formes que ces deux systèmes affectent et les fonctions qu'ils remplissent sont variées comme le sont elles-mêmes les résistances des milieux ambians ; mais l'appareil quant à l'essence et à l'arrangement de ses élémens reste au fond le même. Et ne tombe-t-il pas en effet sous le sens que c'est à un appareil unique, que c'est à un organe identique au fond, qu'il appartient de produire ce qui n'est dans les deux cas que le même phénomène ; lequel consiste dans la combustion d'une partie du sang par l'absorption de l'oxigène de l'air [2].

[1] L'Académie, quinze jours après la lecture de ce mémoire, a reçu de M. Flourens une communication dans laquelle le mécanisme de la respiration des poissons est très ingénieusement exposé et expliqué. Les fonctions ramenées à la similitude d'action semblent former le but principal de ce travail. Cette coïncidence a frappé quelques esprits; *Voyez* plus haut, p. 79.

[2] Mon fils (Isidore G. S. H.), traitant, dans le grand ouvrage sur l'Égypte, de l'*hétérobranche harmout*, espèce de poisson du Nil, fit ressortir, comme l'apercevant déduite de mes précédens travaux, la remarque suivante :

« Les animaux possèdent tous élémentairement deux appareils respiratoires ; l'un *branchial*, rudimentaire chez les espèces qui vivent dans l'air, très développé chez celles qui respirent dans l'eau ; l'autre *pulmonaire*, rudimentaire chez les espèces qui respirent dans l'eau, et très développé dans celles qui respirent dans l'air. A la première de ces deux divisions appar-

Ainsi l'ont aperçu d'une manière vague et l'ont déclaré implicitement dans leurs classifications les naturalistes méthodistes, quand, sans la moindre hésitation, ils rangèrent les poissons dans l'embranchement des vertébrés. Mais en accédant à ces vues de rapports, ces naturalistes n'auraient-ils cédé qu'au besoin d'aligner, d'ajuster et d'isoler les êtres dans des classifications? On est vraiment tenté de le croire, puisqu'à peine ces travaux ont-ils porté quelques fruits, qu'ils sont aussitôt démentis dans

tiennent essentiellement les mammifères, les oiseaux, etc.; à la seconde, les poissons et plusieurs familles d'invertébrés. Mais les deux systèmes d'organisation, que présentent ces deux divisions, ne sont pas les seuls que l'on puisse rencontrer dans la série animale: car, de même qu'il existe des êtres qui ont la faculté de respirer dans un milieu aérien, comme dans un milieu liquide, de même il existe des êtres chez lesquels se trouvent à la fois dans un degré moyen de développement et l'appareil pulmonaire et l'appareil branchial: tels sont plusieurs reptiles, comme la syrène, le protée et les têtards des autres batraciens; et tels paraissent être aussi plusieurs crustacées, et particulièrement le genre *birgus*. Ces idées que mon père a communiquées à l'Académie des sciences, en septembre 1825, l'ont conduit à regarder, chez les hétérobranches, l'organe désigné autrefois sous le nom de *branchie surnuméraire*, comme un organe de respiration aérienne, comme un véritable poumon. Et il paraît, en effet, non seulement, que le harmout peut vivre plusieurs jours hors de l'eau, mais même qu'il quitte quelquefois de lui-même le fleuve, et s'avancent en rampant dans la bourbe des canaux qui aboutissent au Nil. »

l'exécution. On distingue bientôt chez les poissons des parties qui sont ramenées à leurs analogues chez les animaux supérieurs, et d'autres qui ne le sont pas : celles-là ont un nom commun, et celles-ci au contraire un nom spécial, comme si elles étaient un produit nouveau de la création.

Expliquons ceci. Nous n'en saurions douter : on ne s'est point livré de gaîté de cœur à cette contradiction manifeste ; on y a été poussé par le besoin de marcher vite dans les travaux de l'ichtyologie proprement dite. La zoologie, dans son besoin d'activité, n'a pu attendre les travaux plus réfléchis et plus lents de la zootomie. Celle-ci n'avait pu livrer à temps ses considérations philosophiques. Des noms étaient nécessaires, il a bien fallu s'en pourvoir. Des noms provisoires ont donc été imaginés et accueillis, pour aider à décrire les espèces. S'il en est ainsi, cet établissement provisoire ne constitue point une légitime possession d'état, et ne saurait être invoqué comme un résultat présentant le dernier terme de la science : cette adoption d'un langage spécial atteste seulement des habitudes irréfléchies.

Les pièces de la tête des poissons ne sont, suivant moi, ramenées à leurs véritables analogues qu'à l'égard d'un peu plus du tiers de leur nombre, 13 sur 32, dans l'Histoire naturelle des poissons, récemment publiée. La différence au point de départ explique un aussi grand dissentiment. Dans l'opinion que 13 pièces seulement sont ramenées, on admet les rapports qui portent à la fois sur l'objet, ses formes et ses fonctions; dans le système contraire, celui que la détermination de 32 pièces est possible, on s'en tient à la seule considération de l'élément anatomique. Je reviens sur la préférence que j'ai cru devoir donner à cet unique point de vue, pour remarquer, qu'agir autrement, c'est reconnaître chez les poissons deux natures distinctes : l'une, se rapportant à l'organisation commune des animaux vertébrés; et l'autre, qui aurait donc réussi à y échapper entièrement. On ne peut dire maintenant que les déterminations d'organes, que tous les efforts pour les ramener à une même conformation sont improbables, par la raison qu'introuvés, qu'inutilement tentés; je rappellerai que le premier volume de ma *Philosophie anatomique* a été consacré à montrer que, partie pour partie, il n'est point de région anatomique qui n'offre le caractère de la similitude philosophique d'organisation, qui ne soit de fait décidément ramenée à leurs communs rapports.

Toute cette discussion précise d'une manière nette le point de notre controverse. Le champ des considérations philosophiques est nécessairement restreint dans le cas où trois élémens, qui ne coïncident pas toujours ensemble, sont appelés à y concourir ; et, tout au contraire, ce principe devient un sujet d'observation indéfiniment étendu, reposant uniquement sur la considération de l'élément anatomique. Dans le premier cas, c'est tout-à-la-fois le sujet, ses formes et ses fonctions, trois conditions qui ne peuvent se rencontrer et ne se rencontrent réunies que dans les animaux d'une même classe ; dans le second cas, l'élément anatomique reste partout comparable, même lorsqu'il disparaît ; car alors il reste, encore pour l'observation, des traces indicatives de sa disparition.

Mais il y a mieux, et c'est par cette dernière réflexion que je vais terminer : la fonction elle-même, en l'embrassant dans son énoncé général, ne manque véritablement point : elle se retrouve entière dans les cas que je viens de signaler. Effectivement, où frappent les faits différentiels ? c'est seulement en des régions et parties, dont l'ensemble se nomme l'organe respiratoire, sur des parties ici accommodées au milieu atmosphérique, et là, au milieu aquatique. Voyons la fonction : quels doivent-être en définitive l'emploi et l'usage de cet ensemble de pièces ? de produire l'oxigénation du sang veineux. Mais c'est à quoi s'appliquent également les deux sortes d'organe respiratoire. Et en effet dans un cas, l'air se précipite au fond d'une bourse sanguine ; en elle consiste tout l'appareil pulmonaire. Et dans l'autre, cette même bourse, qui perd sa condition d'un sac à une seule ouverture, puisqu'elle est plusieurs fois percée à son fond, réagit toutefois sur l'air engagé et retenu entre les molécules d'eau : cet organe ainsi transformé se porte sur l'élément respirable, s'y rend comme s'il avait été refoulé, repoussé, ramené dehors à la manière d'un doigt de gand retourné ; sous cette autre forme, il est appelé *appareil branchial.* Ainsi même en ce qui regarde les fonctions, si l'on en juge de hauteur et dans le but définitif de l'organisation, l'analogie est conservée.

Des faits exposés dans ce mémoire, je tire la conclusion qu'il ne faut point renfermer dans des limites autant restreintes que dans les cas posés par l'argumentation du 22 février, les questions de la ressemblance philosophique des êtres, et que par-conséquent j'ai pu et dû entendre dans un sens plus large qu'on ne l'avait fait avant moi les idées d'identité, les faits d'analogie des organes.

Et en définitive, c'est donner cette même pensée sous une expression plus générale que de considérer comme arrivée l'heure d'une salutaire réformation dans les études et le langage des faits de l'organisation animale. Serait-il sage en effet de prétendre qu'il faille à toujours se laisser dominer par des habitudes non suffisamment justifiées, de ne pourvoir aux besoins du moment que par des inspirations tatonnées ou conçues dans l'ignorance des faits; et de préférer enfin le vague et les oscillations d'un passé sans doctrine aux enseignemens des temps présens, riches de faits élevés à philosophie. On doit au contraire recourir aux inductions de tant de nouvelles propositions générales, dont l'ensemble devient une sorte de méthode, comme fournissant l'appui d'un guide assuré, et comme étant vraiment un instrument de découvertes, qu'on peut utilement appliquer à la détermination des systèmes organiques.

En d'autres termes, faut-il repousser ou au contraire admettre l'idée d'une nouvelle époque scientifique en ce qui touche l'organisation animale? doit-on rester irrévocablement engagé dans les routes successivement et si diversement frayées de l'anatomie, ou bien tenter d'en ouvrir de nouvelles, sous l'entraînement et dans la direction des découvertes récentes?

SECONDE ARGUMENTATION

DE M. LE BARON CUVIER.

(SÉANCE DU 22 MARS 1830.)

Le jeune écrivain, rédacteur de la partie scientifique dans les *Débats*, ouvre l'article qu'il a inséré dans le numéro du 23 mars de son journal par les réflexions suivantes :

Beaucoup de personnes se demandent encore ce que l'on entend en histoire naturelle par *unité de composition*, *unité de plan*. Il est vrai que ces mots un peu vagues n'avaient jamais été bien définis ; mais ils ne tarderont sans doute pas à l'être, grâce à une circonstance imprévue qui doit forcément amener une explication nette et positive de la part de deux hommes également intéressés à défendre leur opinion. L'un, comme Aristote, appliquant son génie à l'observation des faits, a élevé le monument, que ce grand homme avait fondé, sur des bases jusqu'à présent inébranlables ; l'autre, plein d'imagination, voulant ouvrir des voies nouvelles à la zoologie, a embrassé la nature dans une théorie abstraite et philosophique. Nous les suivrons avec plaisir dans une discussion d'où la vérité doit enfin sortir ; nous nous abstiendrons d'y mêler nos propres réflexions, ne pouvant mieux faire que de mettre sous les yeux de nos lecteurs les pièces de ce procès [1].

[1] Les argumens qui tendent à la condamnation de mes idées sont presque les seules pièces du procès que l'on ait mises sous

Nous sommes persuadés d'ailleurs qu'ils comprendront parfaitement la question après avoir lu le Mémoire suivant que M. Cuvier a lu dans la séance d'aujourd'hui.

CONSIDÉRATIONS SUR L'OS HYOÏDE.

« Notre savant confrère, dans son dernier Mémoire, a commencé par convenir avec une grande loyauté que, par *unité de composition*, il n'a pas entendu *identité de composition*, mais seulement *analogie*, et que sa théorie doit s'appeler plutôt *théorie des analogues*. Ainsi voilà un grand pas de fait. Ces mots équivoques, et qui ne servaient qu'à embrouiller les idées des commençans, *d'unité de composition*, *d'unité de plan*, disparaîtront de l'histoire naturelle; et quand je n'aurais rendu que ce service à la science, je croirais déja n'avoir pas perdu mon temps[1].

« Mais notre confrère assure cependant, autant du moins que j'ai pu le comprendre, que sa théorie des analogues est quelque chose de particulier :

« 1° En ce qu'il néglige les formes et les fonctions pour ne s'attacher qu'aux matériaux des organes;

les yeux des lecteurs des *Débats*, et cela était inévitable avec le rédacteur actuel pour la partie des sciences. N'ayant ni les études ni le discernement nécessaires pour entreprendre un extrait, il s'est borné à porter aux ouvriers de l'imprimerie les mémoires qui lui avaient été confiés : on y a puisé selon l'exigence des places laissées disponibles.

[1] Je n'ai fait ni n'ai dû faire aucune concession; je me suis borné à déclarer inexactes quelques phrases et certaines confusions d'idées qui m'étaient attribuées.

« 2° En ce que l'analogie réside uniquement dans l'identité des élémens constituans, et que cette analogie ne reconnaît pas de limites.

« Sur le premier point, je n'insisterai pas beaucoup; peu importerait au fond qu'une doctrine fût nouvelle si elle était fausse : je dirai seulement que je ne connais pas un seul anatomiste, pas un seul qui ait déterminé les organes uniquement par leurs fonctions, encore moins par leurs formes. Certainement personne n'a encore été assez hardi pour dire qu'une main de femme n'est pas une main ; et même, il y a quinze jours, j'aurais cru que personne n'oserait dire qu'une main de femme ne remplit pas les mêmes fonctions qu'une main d'homme ; mais ce sont là de ces assertions qui échappent dans la chaleur de la dispute, et sur lesquels un adversaire de bonne foi doit avoir la générosité de ne pas insister.

« Ce qui est certain, c'est que l'anatomiste contre lequel ont surtout été dirigées les attaques, qu'à la fin il se voit avec tant de regrets obligé de repousser, est un de ceux qui ont eu le plus d'occasions de faire voir que les fonctions du même organe changent selon les circonstances dans lesquelles il est placé; mais, je le répète, peu importent ces discussions d'amour-propre; ce qui intéresse les amis de la vérité, c'est de savoir si la théorie, que son auteur nomme *des analogues*, est *universelle* comme il le dit, ou si, comme d'autres naturalistes le pensent, il y a des analogies de tout genre, mais qui toutes sont limitées, et quelles sont leurs limites?

« Mais comment discuter une question, lorsque l'on ne veut pas en poser les termes?

« A cet égard j'avais fait des demandes nettes et positives. Vous vous attachez aux élémens! Eh bien, entendez-vous qu'il y ait toujours *les mêmes élémens*, entendez-vous que ces élémens soient toujours dans *le même arrangement mutuel;* enfin, qu'entendez-vous par vos *analogies universelles*[1]?

« Si notre confrère avait fait à mes demandes une réponse claire et précise, ce serait un bon point de départ pour notre discussion; mais dans sa longue déduction il n'y a point répondu, car ce n'est pas répondre de dire que tous les animaux sont *le produit d'un même système de composition;* c'est redire la même chose en d'autres termes, et en termes beaucoup plus vagues, beaucoup plus obscurs.

« Il semblerait y avoir une réponse plus positive dans ces paroles, que *les animaux résultent d'un assemblage de parties organiques qui se répètent uniformément.*

« Mais pressez un peu une pareille réponse; vous verrez qu'en la prenant à la lettre elle tombe d'elle-même. Qui osera nous dire que la *méduse* et *la girafe*, que *l'éléphant* et *l'étoile de mer*[2], *résultent d'un assemblage de*

[1] *Analogies universelles.* Je n'ai rien écrit de semblable : ces termes associés renferment un non-sens.

Qu'on m'eût demandé une *réponse claire et précise* en y employant une autre *forme*, j'eusse répondu de suite : mais au surplus, publier le présent opuscule, c'est avoir accédé à ces *demandes nettes et positives.*

[2] Cette objection concernant la *méduse et la girafe, l'élé-*

parties organiques qui se répètent uniformement. Certainement ce ne sera pas notre confrère, il est trop instruit; il connaît trop bien les animaux; il sait trop bien, non seulement que certaines parties ne se répètent pas avec uniformité, mais qu'une multitude de parties ne se répètent pas du tout.

phant et l'étoile de mer a causé beaucoup de surprise, et en causera, je crois, davantage en Allemagne. Là on s'occupe d'une certaine *philosophie de la nature*, dont il ne faudrait peut-être blâmer à Paris que les exagérations. Quoi qu'il en soit, ce n'est point dans le jugement du rapport des êtres placés à de grandes distances les uns des autres, que cette philosophie se serait trompée.

Comme cette objection est établie, personne que je sache n'y peut prendre intérêt. Qui a jamais dit que les *animaux résultent d'un même assemblage de parties organiques se répétant uniformément?* La philosophie allemande a très bien exposé que les parties organiques arrivent en nombre et se compliquent dans la série des âges, ou dans les progressions de l'échelle zoologique, selon l'ordre et en raison directe des divers degrés de l'organisation. On aperçoit une organisation plus simple chez la méduse et l'étoile de mer, animaux que de faibles développemens ont laissés dans les bas degrés de l'échelle, et au contraire une organisation considérable et compliquée chez la girafe et l'éléphant, qu'une action plus prolongée des développemens a portés dans les premiers rangs. Suivez cette action chez une seule espèce, dans laquelle les modes du développement soient à des intervalles marqués par quelque repos. La grenouille dans son état parfait jouit d'une organisation plus considérable en nombre de parties et en puissance vitale que la grenouille dans l'état de têtard : il en est de même du têtard à

« Dans un autre endroit encore, il avance que l'analogie ne repose pas sur les organes dans leur totalité, mais sur les matériaux dont les organes sont composés, et il allègue un exemple, celui de l'os hyoïde, d'après lequel, si l'on en juge par les développemens où il entre, il semble donner à entendre que c'est le nombre des parties qui fait sa principale règle. De quelques unes des phrases qui suivent, on pourrait conclure qu'il y ajoute leurs connexions, et en effet, puisque dans le commencement de son Mémoire, il a exclu les fonctions et les formes, il ne reste que les connexions et les nombres. Je ne vois pas un cinquième rapport, une cinquième catégorie, sur laquelle on pourrait imaginer de faire porter cette analogie universelle.

« Eh bien! puisqu'à défaut de proposition claire, à

l'égard de l'œuf d'où il proviendra, et enfin de l'œuf lui-même se troublant sous l'influence solaire, à l'égard de l'œuf à son premier âge ne consistant qu'en un liquide homogène et transparent.

Ces faits de développemens successifs par lesquels les animaux croissent en nombre et en complication de parties, doivent à un même principe de formation, de se répéter indéfiniment dans la série zoologique; voilà les faits que nous disons analogiques, que nous disons se répéter uniformément, que nous cherchons à amener à généralités, à exprimer en philosophie. Mais certes, personne n'a eu dans l'esprit, que si la méduse était, je suppose, composée, comme matériaux, des vingt-quatre lettres de l'alphabet, ces mêmes vingt-quatre lettres arrivaient à point nommé, et se répétaient pour composer la structure de l'éléphant.

De quelles suppositions, il faut que nous cherchions à nous défendre!

défaut de règle générale intelligible, je suis obligé de saisir cette théorie, dans les exemples que l'on en donne, je m'empare de celui-ci. Je prends, comme on le dit vulgairement, notre savant confrère sur le terrain même où il s'est placé, et c'est ainsi que je me charge de le prendre, quelque autre exemple qu'il veuille choisir.

« Je vais donc examiner l'os hyoïde des divers animaux, et je vais prouver par les faits, comme j'ai annoncé que je le ferai toujours :

« 1° Que l'os hyoïde change de nombre, de parties, d'un genre même à un genre voisin ;

« 2° Qu'il change de connexions ;

« 3° Que de quelque manière que l'on entende les termes vagues employés jusqu'à présent, d'analogie, d'unité de composition, d'unité de plan, on ne peut pas les lui appliquer d'une manière générale ;

« 4° Qu'il y a des animaux, une foule d'animaux, qui n'ont pas la moindre apparence d'os hyoïde, que par conséquent il n'y a pas même d'analogie dans son existence.

« Ayant ainsi totalement anéanti à son égard les principes que l'on donne à la fois comme nouveaux et comme universels et dans quelque sens qu'on les applique, je lui ferai l'application d'autres principes, de ceux sur lesquels la zoologie a reposé jnsqu'à présent, et sur lesquels elle reposera, j'espère, encore long-temps, et je montrerai :

« 1° Que dans la même classe, l'os hyoïde, bien que variable pour le nombre de ses élémens, est cependant disposé de même par rapport aux parties environnantes ;

« 2° Que d'une classe à l'autre il varie, non plus seulement en composition, mais en dispositions relatives;

« 3° Que de ces deux ordres de variations et de ses variations de formes combinées, résultent les variations de ses fonctions;

« 4° Qu'en passant de l'embranchement des vertébrés aux autres embranchemens, il disparaît de manière à ne pas même laisser de trace.

« Ainsi les embranchemens diffèrent les uns des autres par la disparition totale de certains organes.

« Dans chaque embranchement les classes diffèrent par les connexions et la composition des organes de même nature.

« Dans la même classe, les familles et même les genres diffèrent par la composition et par les formes de ses organes seulement.

« Voilà des principes[1] qui ont au moins le mérite de la

[1] *Principe* n'est pas synonyme de *résultat*. Des travaux zoologiques déjà accomplis, il *résulte* que les animaux sont enfin savamment appréciés dans leurs affinités naturelles. Plus de simplicité dans le nombre et la disposition des parties organiques est le fait de quelques espèces, et au contraire d'autres animaux sont le produit de l'aggrégation d'un plus grand nombre d'organes, et d'une coordination plus compliquée : j'ajoute qu'entre les termes extrêmes sont tous les degrés de l'échelle zoologique. Cela observé attentivement fait la base de travaux estimables et, en définitive, des savantes classifications qui ont aidé dans la rédaction du catalogue raisonné des êtres. Cependant, nous parler *d'embranchemens*, *de classes*, *de familles*, *de genres et d'espèces*, c'est traiter la zoologie sous un point de

clarté; mais ils ont surtout celui de la vérité; c'est sur eux que reposent, quoi qu'on en dise, la zoologie et l'anatomie comparée. C'est d'après eux qu'a été formé ce grand édifice que l'on nomme le système du règne animal.

« Et toutes les fois que l'on voudra pousser les généralités plus loin, de quelque nom qu'on les décore, de quelque rhétorique qu'on les soutienne, les personnes seules qui ne connaissent point les faits pourront les adopter momentanément sur parole, mais pour voir dissiper leur illusion, dès qu'elles s'occuperont d'en rechercher les preuves.

« Dans mes Mémoires suivans j'en donnerai la démonstration, par rapport à chaque ordre d'organe en particulier.

« Aujourd'hui, comme je l'ai dit, je m'en tiens à l'os hyoïde.

« Pour établir, à son égard, les prétendus nouveaux principes, il faudrait que l'on pût soutenir que les os hyoïdes sont composés des mêmes pièces, qu'ils sont dans les mêmes connexions, qu'ils existent dans tous les animaux. »

L'Académie va juger si de pareilles assertions supporteraient le moindre examen.

M. Cuvier divisera son travail en deux parties : l'os hyoïde dans les animaux qui respirent l'air en nature, l'os hyoïde dans les animaux qui respirent par l'intermé-

vue que personne ne conteste. Que font ces faits dans la présente argumentation ? ils lui sont étrangers. Faisons qu'ils ne soient point un voile qui s'oppose à ce qu'on puisse apercevoir la faiblesse des reproches qu'on nous adresse.

diaire de l'eau. Ces derniers exigeront une discussion préalable sur le sternum.

« Chacun sait que, dans les animaux qui respirent l'air, l'os hyoïde est un appareil suspendu sous la gorge, qui donne en avant des attaches à la langue, qui porte le larynx en arrière et qui a le pharynx au dessus de lui.

« Son nom vient de ce que, dans l'homme, sa partie principale ou son corps est en arc de cercle, comme l'upsilon cursif des Grecs. »

M. Cuvier donne une description exacte de cet os, qu'il examine d'abord dans les singes.

« Le corps de l'os hyoïde des singes varie beaucoup de formes, ce qui ne fait rien à notre discussion; ses cornes postérieures demeurent à peu près conformées et disposées comme dans l'homme; les antérieures sont généralement plus longues, mais aussi d'une seule pièce, et même le ligament qui les suspend au rocher ne s'ossifie jamais dans aucune de ses parties, en sorte que les plus vieux singes n'ont jamais ni l'apophyse styloïde, ni l'os séparé qui passe pour le remplacer dans d'autres quadrupèdes.

« Voilà déja une première différence, à la vérité encore peu importante.

« En voici une plus grande :

« Dans l'alouatte, dont le corps de l'os hyoïde est, comme on sait, renflé en forme de cucurbite, il n'y a ni vestige de cornes antérieures, ni ligament styloïdien, ni rien qui rappelle l'apophyse styloïde; l'os hyoïde est fixé par d'autres moyens. Comment l'unité de composition et l'analogie se démentent-elles si vite? Notre réponse, à nous, naturalistes ordinaires, serait bien simple : c'est que l'os hyoïde, prenant, dans l'alouatte, une destination spéciale, y devenant un instrument puissant de la voix, avait besoin d'autres attaches; la théorie des analogues ne s'en tirera pas si aisément. Mais passons[1].

[1] SUR L'HYOÏDE DE L'ALOUATTE.

Mais passons... Je vais au contraire m'arrêter sur ce paragraphe, et j'invite les esprits réfléchis à le faire pareillement avec moi. Les vues qui nous divisent se montrent là très manifestement : à des faits précis, donnons leur explication avec rigueur.

Long temps avant les jours de notre controverse, c'est-à-dire, en 1778, la question concernant l'hyoïde de l'alouatte était déja une chose jugée : ce fut par le plus grand anatomiste de cette époque, le célèbre Camper. Esprit vaste, aussi cultivé que réfléchi, il avait sur les analogies des systèmes organiques un sentiment si vif et si profond, qu'il recherchait avec prédilection tous les cas extraordinaires, où il ne voyait qu'un sujet de problêmes, qu'une occasion d'exercer sa sagacité, employée à ramener de prétendues anomalies à la règle. La publication de l'hyoïde caverneux de l'alouatte, dans le quinzième volume de l'*Histoire naturelle*, eut cet effet sur lui, et le préoccupa vivement. Vicq-d'Azir lui avait montré à Paris, en 1777, deux hyoïdes d'alouatte. De retour en Hollande, il en parcourt toutes les riches collections publiques et particulières ; et, après des recherches long-temps inutiles, il trouve enfin chez M. Klokner un alouatte dans la liqueur, qu'il obtient et qu'il emporte à sa campagne pour l'y aller disséquer sans délai.

Son travail achevé, il en fit la matière d'une lettre qu'à la date du 15 novembre 1778 il écrivit à Buffon.

Camper avait été servi dans sa prévision : il ramena facilement

Nous ne pouvons, dit M***, suivre l'auteur dans tous les détails qu'il donne avec une merveilleuse clarté sur d'autres espèces d'animaux.

toutes les parties de l'hyoïde de l'alouatte à celles de l'hyoïde « de l'homme. Déja, écrivait-il en 1778, étant à Paris chez Vicq « d'Azir, j'avais remarqué que la caisse osseuse, quoique très « mince, était la base de la langue; j'y avais même distingué les « articulations qui avaient servi aux cornes de cet os : toutefois, « je ne comprenais rien de sa situation et de la connexion de « ses parties voisines. »

Le cabinet de la Faculté des sciences de Paris possède deux os hyoïdes d'alouatte entourés de leurs muscles, glandes, membranes, cartilages et des pièces laryngiennes qui s'y attachent; l'une de ces préparations provient d'un mâle, et l'autre d'une femelle. M. Hyde de Neuville, étant ministre de la marine, les avait fait venir de Cayenne pour notre cabinet de la Faculté des sciences. Je me suis servi de ces préparations pour revoir et comprendre (ces pièces sous les yeux) les dessins et la description que Camper avait envoyés à Buffon; précieux matériaux qui n'ont été gravés et imprimés qu'en 1789, dans les supplémens, vol. VII. Cinq figures donnant les pièces, les unes vues de face, et les autres de profil, ne laissent rien à désirer, et présentent une détermination comme on la devait attendre du beau talent de Camper, c'est-à-dire, parfaitement exacte. Toutes les parties décrites et figurées sont les mêmes que celles de l'appareil hyoïdien chez l'homme, à la différence près de leur volume respectif. Les vues d'analogie du savant anatomiste de la Hollande furent pleinement justifiées. Il a vu que les différences des deux organes analogues tenaient au développement excessif de la partie médiane, dite le corps de l'hyoïde. Chez l'homme, cette partie médiane est creuse, et a la forme d'une capsule plus large que

Après cette interruption, l'argumentation est reprise comme il suit : « on voit donc que, même dans une seule

haute : dans l'alouatte, la concavité gagne en profondeur, de façon que la pièce est peu large et s'étend au contraire considérablement sous la langue : c'est une longue bourse osseuse, ou bien, comme l'indique M. Cuvier, une base renflée en forme de cucurbite.

M. Cuvier, décrivant cet os de la langue de l'alouatte, dans ses *Leçons d'anatomie comparée*, confirme toutes les recherches et les vues du célèbre Camper. Dans le chapitre sur les os hyoïdes de son ouvrage, tome III, p. 230, mon savant confrère n'est occupé de l'hyoïde des alouattes que « comme présentant une « particularité extrêmement remarquable, en ce que ce point « sert à expliquer les hurlemens que produisent ces animaux : « le corps est comme soufflé pour former la caisse osseuse. Les « grandes cornes existent; etc. » Cependant M. Cuvier, donnant un plus grand cours à l'esprit de recherches qui avait jusque là guidé Camper, songe à retrouver quelques parties qu'il puisse juger correspondre aux cornes antérieures, lesquelles manquent en effet. *Deux petites apophyses qui s'élèvent de chaque côté de la grande ouverture de la caisse* sont sans doute, suivant M. Cuvier, le rudiment de ces cornes, qui n'auraient été méconnues que parce qu'elles sont privées d'un des caractères de ces os, leur détachement de la pièce médiane. Je viens aussi de voir ces apophyses. Je ne puis non plus douter de la justesse de la détermination donnée en 1805; j'en ai pour motifs d'autres caractères qui sont manifestes : 1° d'être de beaucoup plus longues apophyses dans l'hyoïde des femelles, et 2° de donner attache au ligament et au muscle stylo-hyoïdiens, qui se rendent à la facette styloïdienne du crâne.

Ayant cité les travaux des deux célèbres zootomistes de ce

classe, celle des mammifères, le nombre des élémens d'un seul organe, de l'hyoïde, n'a rien de constant;

temps, les ayant en outre revus et confirmés, il n'est plus nécessaire que j'insiste sur cette déduction présentée plus haut : *comment l'unité de composition et l'analogie se démentent-elles aussi vîte ?*

Il est donc quelques vestiges des cornes antérieures. On trouve ainsi et le ligament et le muscle qui l'accompagne et qui ensemble constituent ce cordon attachant aux côtés du crâne l'appareil hyoïdien. Nous devons encore déclarer inexacte cette autre déduction de l'argumentation, laquelle, plus bas (*Voyez* pag. 159.), s'exprime comme il suit : « Nous comprenons que l'énorme tambour formé par l'os hyoïde de l'alouatte, « assujetti par des ligamens, et d'une manière presque immobile, « à la mâchoire inférieure, n'avait pas besoin d'une attache aussi « forte au crâne. » Nous n'ignorons pas que des pièces faisant partie de la collection anatomique du Jardin du Roi ont fourni un prétexte à ce dire, mais les prétendus ligamens dont on a argumenté, ont-ils été examinés assez attentivement? On a vu des préparations desséchées, quand j'ai observé des pièces entières, mobiles, parfaitement conservées dans la liqueur. Des faits que j'ai sous les yeux, il résulte une détermination rigoureuse des parties qui fixent l'hyoïde à la mâchoire inférieure. J'affirme qu'elles ne sont point ligamenteuses : je garantis que ce sont des muscles, et précisément les muscles que l'analogie eût inspiré d'aller chercher en leurs places accoutumées : ainsi, c'est en devant, le génio-hyoïdien, que, dans ses dessins publiés dans les supplémens de Buffon, Camper a désigné par les lettres A G (Voy. *Hist. nat. générale et particulière*, *supp.* 7, *pl.* 27, *fig.* 1). Sur les flancs sont les mylo-hyoïdiens. Camper a aussi parfaitement fait représenter le muscle décisif pour la il y a ce que j'appelle des variations de classes, c'est-à-dire des différences de nombre et des différences bien

question ici agitée, savoir : le stylo-hyoïdien (*voy.* a B, *fig.* 3).

Tous ces faits sont différemment présentés par M. Cuvier : je suis obligé de dire, de quelques uns, qu'ils sont inexactement rapportés. Il devient donc inutile de débattre une explication qui en est la conséquence. Autrement, s'il fallait aller chercher dans cette explication tout ce qu'elle comporte de valeur et de justes conclusions, je serais dans le cas de reproduire les réclamatious que j'ai présentées dans la note placée plus haut, page 66. Oui, sans doute, il n'est pas philosophique d'expliquer la production d'un nouveau moyen organique, à cause de nouvelles habitudes, et pour satisfaire à *une destination spéciale.* Et dans l'espèce, nous en avons une preuve péremptoire ; c'est, a-t-on dit, parce que *l'hyoïde de l'alouatte devient un instrument puissant pour la voix, qu'il avait besoin d'autres attaches.* Nous venons de voir que ces prétendues nouvelles attaches sont un fait inexact.

C'est dans ce moment que l'argumentation croit en finir sur les hyoïdes des singes, par ces paroles : *la théorie des analogues ne s'en tirera pas si aisément !* Je ne puis m'empêcher de remarquer que ce moment est malheureusement choisi. Il n'y a point de ligamens qui attachent, et il n'était non plus nécessaire qu'il y eût des ligamens pour attacher le corps hyoïdien à la mâchoire inférieure.

Mais jusqu'à présent nous n'avons encore employé que des observations et des raisonnemens tels que la doctrine aristotélique et les méthodes perfectionnées des derniers anatomistes eussent pu les suggérer ; faisons que la théorie des analogues qui n'a jusqu'à ce moment figuré dans cette note que comme attaquée, y intervienne utilement pour quelque chose.

plus grandes de forme, mais une ressemblance encore presque absolue de connexions.

Les deux principales différences de l'hyoïde de l'alouatte, comparé à l'hyoïde de l'homme, sur lesquels les travaux de 1778 et de 1805 n'ont pas assez insisté, sont : 1° le volume très considérable du corps de l'appareil, et 2° l'absence des cornes antérieures, ou du moins le fait de leur articulation par synarthrose.

Sur le premier point, la réponse est simple : le volume des parties devient une circonstance très importante dans chaque espèce à part, car il y règle la fonction en procurant aux organes tout ce qu'ils peuvent acquérir de puissance ; mais c'est là une considération que négligent et doivent négliger les études philosophiques.

Sur le second point, la théorie des analogues ne saurait se tenir entièrement satisfaite de la remarque, d'ailleurs judicieuse, placée dans les *Leçons d'anat. comp.* ; il ne suffit pas d'admettre comme un fait certain que l'articulation de la petite corne établie par diarthrose chez l'homme, est transformée en une articulation par synarthrose, à cause de la soudure de cette même corne au corps médian : voici pourquoi. C'est que l'homme lui-même, relativement à son organe hyoïdien, ne réunit point les conditions générales de la classe des mammifères. Or, la théorie des analogues les demande telles partout : ainsi, que le nombre normal des parties soit différent, la théorie des analogues ne peut manquer d'assigner les causes de cette différence.

Chez l'alouatte, chez l'atèle et même aussi chez ces singes à face hideuse de l'ancien monde, connus sous le nom de babouins, la chaine styloïdienne ne consiste qu'en un ligament, quand chez les mammifères posant sur leurs quatre pates, elle est formée de trois osselets en série transversale.

Si la théorie est en défaut dans sa prévision quant à ce nombre

« Que si nous passons à la classe des oiseaux, c'est tout autre chose ; grand et sensible hiatus [1] !

de pièces, elle a recours à une autre de ses règles, à un résultat autre et non moins efficace pour une seconde prévision : elle admet qu'une des pièces aura été nourrie aux dépens de sa voisine ; cette règle connue sous le nom de *balancement* (entre le volume) *des organes* explique l'hyperthrophie d'un des matériaux, par l'atrophie d'un ou de plusieurs autres.

Qui aura pu fournir à l'énorme accroissement du corps hyoïdien ? nécessairement un sacrifice imposé sur les pièces voisines. Or, celles que leur situation appelle à supporter tous les effets du sacrifice sont nécessairement tous les osselets faisant partie des chaînes styloïdiennes : ces chaînes frappées d'atrophie jusqu'au degré de zéro des molécules osseuses, il ne reste plus que leur périoste ou du tissu cellulaire sous la forme d'un ligament.

Ainsi, ce que la théorie des analogues ne rencontre point en nombre de parties, selon la prévision dont elle puise le sentiment dans le tableau de ses observations chez la plupart des animaux ; elle le trouve en justifications, *en compensations* qu'elle sait discerner, en rudimens qui disent le pourquoi et le comment de la disparition de certains matériaux.

[1] Ce n'est point sur ce terrain que je redoute les efforts de l'argumentation. Il est bien vrai qu'il est là un hiatus, c'est-à-dire qu'il existe un hyoïde veritablement spécial à la classe des oiseaux : mais ce fait n'est redit ici qu'après que je l'ai établi dans ma *Philosophie anatomique*. Ce n'est pas le moment d'ajouter que je ne crois pas avoir rien produit de plus directement utile à la théorie des analogues que mon écrit particulier sur cette matière. Avant mes recherches, on soutenait que la langue des oiseaux était osseuse, ou tout au moins que, pour lui four-

« Plus de suspension au temporal ; plus de corne postérieure; un corps dirigé en long, se terminant en arrière en une production alongée, une espèce de queue, sur laquelle repose le larynx, et qui souvent forme un os à part; deux cornes seulement, formées chacune de deux pièces, s'articulant en dessous, au côté du corps, à l'endroit où il s'articule lui-même avec sa queue, se contournant autour de l'occiput, allant même dans le picvert, jusque dans la base du bec ; et le corps porte en avant un os, ou deux os attachés aux côtés de l'autre, articulés à l'extrémité antérieure de ce corps, et qui forme le squelette de la langue ; car la langue des oiseaux a un squelette osseux dont il n'y avait nulle trace dans les mammifères.

« Pour des yeux communs, pour l'apparence telle que la saisit un bon sens ordinaire, il n'y avait pas à répliquer; voila un très grand changement de composition ; un changement assez considérable de connexion. On voit que l'on est passé d'une classe à une autre.

nir un support, comme la poitrine en trouve un dans la tige vertébrale, il intervenait au profit de la langue, subitement et extraordinairement, chez les oiseaux des osselets, dont il n'y avait rien d'analogue chez les mammifères.

J'ai été si prolixe dans la précédente note, et j'ai tant à ajouter à mes anciens écrits, devant les étendre à la correction de quelques erreurs, que je me fais un devoir d'arrêter là ces réflexions. Mais c'est pour établir dans un mémoire *ex professo* tous les faits et les corrections que j'ai accumulés depuis quelques années sur ces premiers travaux de ma jeunesse. Ce mémoire paraîtra dans la livraison qui suivra la publication de cet opuscule.

« Qu'a fait notre savant confrère, en désespoir de cause? »

« Il a supposé que l'os hyoïde des oiseaux tirés, d'une part par les muscles de la langue, de l'autre, par le larynx, a éprouvé une rotation sur ses cornes antérieures, et que ses cornes postérieures se sont trouvées par là dirigées en avant, sont devenues les os de la langue.

« Voilà sans doute une culbute possible à concevoir dans un squelette dont les os ne tiennent que par du fil d'archal, et où il n'y a que des os seulement. Mais je le demande à quiconque a la plus légère idée d'anatomie : cela est-il admissible lorsque l'on songe à tous les muscles, à tous les os, à tous les nerfs, à tous les vaisseaux qui s'attachent à l'os hyoïde! Il faudrait... Mais je m'arrête ! la seule idée effraierait l'imagination. Pour conserver une identité apparente dans le nombre des pièces osseuses, on aurait tout changé dans les connexions et dans les parties molles. Que serait alors devenu le principe de l'unité de plan? Mais enfin ne préjugeons rien, admettons pour un moment une hypothèse aussi étrange; voyons si elle nous mènera bien loin.

(M. Cuvier passe à une troisième classe, aux reptiles [1], et prenant la tortue pour exemple, il réfute, en suivant la même marche, toute idée d'analogie entre l'hyoïde de cet animal et celui des mammifères et des oiseaux. Puis il ajoute :) « les personnes qui admettent une dé-

[1] Les reptiles ne forment point une classe *naturelle*, surtout de la façon de la classe des oiseaux. J'ai toujours désiré m'expliquer à cet égard, et je me réserve d'écrire sur ce sujet, lequel exigera de fort grands développemens.

gradation, une simplification insensible des êtres, principe, pour le dire en passant, absolument contraire à celui de l'identité de composition, et qui cependant s'y allie dans certains esprits, tant il y a de bizarreries dans quelques têtes, vont supposer que les autres sauriens ont les hyoïdes autant ou plus simples que le crocodile; il n'en est rien.

« Dans les lézards à langue protractile, l'os hyoïde est plus compliqué dans ses formes, plus singulièrement reployé dans ses diverses parties que dans aucun des animaux précédens.

« Tous ces faits sont incontestables; chacun peut s'en assurer à tout moment; par quel effort de raisonnement nous fera-t-on croire qu'il y ait identité d'élémens, répétition uniforme, identité de connexions, enfin toutes ces autres expressions que l'on emploie à tour de rôle entre des os hyoïdes dont les uns n'ont que deux pièces, les autres que trois, les autres que quatre, tandis qu'il y en a qui en ont sept, d'autres neuf, et même davantage? Dans le trionyx, on peut en compter jusqu'à dix-sept et plus. Par quel art parviendra-t-on à nous convaincre qu'il y a identité de connexion entre des os hyoïdes dont les uns se suspendent à une partie de l'os temporal, quand d'autres contournent le crâne et pénètrent jusque dans le bec, et quand d'autres encore restent absolument couchés sous la gorge et comme noyés dans les muscles? Qu'y verra-t-on autre chose que ce que nous y voyons tous depuis des siècles, une certaine ressemblance de structure de l'organe, ressemblance dont le degré est proportionné aux rapports des animaux entre eux, et des différences déterminées par l'emploi que la nature fait de cet organe, ou si l'on veut éviter toute ombre de recours à des causes finales, des différences qui déterminent cet emploi?

« Pour nous autres naturalistes ordinaires, ces rapports, ces fonctions, ces différences, s'expliquent très bien, parce qu'ils constituent l'animal ce qu'il est, parce qu'ils s'appellent ou s'excluent les uns les autres.

« Nous comprenons que l'énorme tambour formé par l'os hyoïde de l'allouate, assujetti par des ligamens et d'une manière presque immobile, à la mâchoire inférieure, n'avait pas besoin d'une attache aussi forte au crâne [1].

« Nous comprenons que les os styloïdiens, longs et mobiles des ruminans ou des solipèdes, devaient avoir des muscles propres qui ne pouvaient pas exister pour l'apophyse styloïde immobile de l'homme.

« Nous comprenons que la langue peu flexible des oiseaux devait pouvoir être portée en avant par un autre mécanisme que celle des quadrupèdes, qui peut se contracter en tout sens; que leur larynx n'ayant pas de cartilage thyroïde, les cornes postérieures de leur hyoïde pouvaient manquer; mais nous n'entendrions pas comment, par un mouvement de bascule qui aurait déchiré tous les muscles et tous les vaisseaux, elles seraient allées se loger dans la langue, etc.

» Mais si l'on néglige toutes ces considérations pour

[1] J'ai compris les développemens de ce paragraphe parmi ceux de la grande note précédente; *voyez* page 152.

ne voir que de prétendues identités, de prétendus analogues, qui, s'il y avait la moindre réalité, réduiraient la nature à une sorte d'esclavage, dans lequel heureusement son auteur est bien loin de l'avoir enchaînée, on n'entend plus rien aux êtres, ni en eux-mêmes ni dans leurs rapports; le monde lui-même devient une énigme indéchiffrable.

« Je sais bien qu'il est plus commode pour un étudiant en histoire naturelle de croire que tout est un[1], que tout est analogue, que par un être on peut connaître tous les autres; comme il est plus commode pour un étudiant en médecine de croire que toutes les maladies n'en font qu'une ou deux; j'avoue même que l'erreur où l'on induirait le premier ne serait pas aussi funeste que l'autre, mais enfin ce serait une erreur; on lui jetterait devant les yeux un voile qui lui cacherait la véritable nature, et le devoir des savans est au contraire de détourner cet obstacle à la connaissance de la vérité.

« Dans la seconde partie de ce Mémoire, que j'aurai l'honneur de lire incessamment à l'Académie, je traiterai de l'os hyoïde dans les grenouilles, dans les salamandres et dans les poissons, et je montrerai que c'est par des transpositions et des bascules encore plus étranges que celles des oiseaux, que l'on a cru pouvoir y retrouver des identités de nombres, qui, même en admettant toutes les suppositions, n'y seraient point encore.

[1] Le Discours préliminaire, en la page 27, a répondu à cette partie de l'argumentation.

« Ensuite, je ferai voir que l'os hyoïde manque absolument dans une foule immense d'animaux; en sorte que, quelque sens que l'on donne à la théorie des analogues, il est impossible d'en faire à son égard une application générale.

« Je répète que c'est avec beaucoup de déplaisir que je me suis vu contraint de rompre un silence auquel j'étais bien résolu, si on n'était venu me forcer dans mes derniers retranchemens; mais, enfin, les naturalistes auraient le droit de m'accuser, si j'abandonnais une cause si évidente.

« Ce qu'il est surtout essentiel de redire, c'est que ce n'est ni pour m'en tenir aux anciennes idées, ni pour repousser les nouvelles, que j'ai pris cette défensive. Personne, plus que moi, ne pense qu'il y a une infinité de découvertes a faire encore en histoire naturelle. J'ai eu le bonheur d'en faire quelques unes, et j'en ai proclamé un grand nombre faites par d'autres; mais ce que je pense aussi, c'est que, si quelque chose pouvait empêcher que l'on ne fît, à l'avenir, des découvertes véritables, ce serait de vouloir retenir les esprits dans les limites étroites d'une théorie qui n'est vraie que dans ce qu'elle a d'ancien, et qui n'a de nouveau que l'extension erronée qu'on lui attribue. »

Après la lecture de ce Mémoire qui a excité, au plus haut degré, l'intérêt de l'Académie, la parole a été donnée à M. Geoffroy Saint-Hilaire. Ce savant naturaliste a lu la seconde partie du Mémoire (*voy.* p. 109) dans lequel il développe sa *théorie des analogues*. Nous regrettons de ne pouvoir la reproduire aujourd'hui; nous en dédommagerons prochainement nos lecteurs [1].

N. B. La troisième argumentation de M. le baron Cuvier roulant comme la seconde sur les modifications de l'hyoïde, est du 5 avril 1830. Je ne la reproduis point dans cet opuscule; je le ferai dans la livraison suivante.

En répondant le 29 à l'écrit du 22 mars, j'ai distingué la question générale de ses faits particuliers; j'avais déja traité celle-là dans ma *première réplique* ci-après, quand je me suis aperçu que des raisons de convenance morale (*voyez* l'exorde ci-contre) reclamaient l'interruption de notre discussion par plaidoiries verbales. Il me reste donc à traiter des faits particuliers; et l'on a pu déja voir, dans une note précédente, que le seul hyoïde classique des oiseaux formera la matière d'un Mémoire à part.

[1] On n'a point tenu cette promesse : on n'a donné d'extrait ni de ce mémoire, ni de ma lecture du 29 mars; mais à l'occasion de celle ci, et dans le résumé d'une autre séance académique, on s'est fait l'auxiliaire du *Système des différences*, en ne voyant dans mes travaux que des *considérations par trop abstraites*, en montrant de la répugnance pour un *principe philosophique, auquel il faudrait croire comme par sentiment, comme à une vérité révélée*. D'autres feuilles publiques m'ont traité avec plus de faveur.

SUR LES OS HYOÏDES.

Première réplique à l'argumentation dernière.

(Séance du 29 mars.)

Je crois de la dignité des sciences de conserver à l'égard des personnes, un ton de décence et des manières d'estime et de bienveillance. Exposé, en étendant aussi loin mes recherches, au danger d'errer, je suis indulgent pour toute erreur conçue et produite de bonne foi : car des efforts, bien qu'infructueux demeurent toujours estimables, et comme un hommage indirect à la vérité et comme un témoignage de zèle et de dévouement. Je crois encore qu'il faut éviter de transformer une réunion des disciples du Portique en un parterre battant des mains aux comédies outrageuses d'Aristophane. Devant le public sérieux qui m'écoute, et ayant à traiter de choses sérieuses, je serai grave et jamais habile. Je vise plus haut qu'à un succès du moment; désirant faire entrer dans le domaine de la pensée publique une vérité d'un ordre élevé, toute fondamentale..Je me garderai bien, en conséquence, de presser le moment où cette vérité pourra se faire jour et apparaître dans tout son éclat; ce qui n'adviendra que quand elle sera incontestablement établie.

J'ai rencontré quelques prétendus conciliateurs se vantant d'avoir pénétré le secret de nos dissentimens : à les entendre, ils vont nous apprendre ce point de nous ignoré, et nous accorder; « car enfin, disent-ils, chacun suit une route particulière : celui-ci, quand il poursuit les faits dans le caractère de leurs différences, et celui-là, dans le caractère de leurs rapports; c'est, des deux côtés, agir pour le mieux, si, des deux côtés, on reste également fidèle à son point de départ. »

Malheureusement, je ne puis admettre ni cette conciliation, ni ce raisonnement : je n'ai de foi à une exploration des faits, je ne prends confiance dans une connaissance profonde des choses, qu'autant que les recherches se sont épuisées simultanément, et à égalité d'efforts, aussi-bien sur les différences que sur les rapports. Négliger une face de son sujet pour porter toute son attention sur l'autre, c'est le moyen de ne le connaître qu'imparfaitement. Si donc l'on ne peut séparer l'étude des rapports de celle des différences, et réciproquement, tout le problème de la détermination des organes tient au choix d'une méthode qui disposera et coordonnera les faits, tout aussi-bien pour un point de vue que pour l'autre.

On me demande de donner davantage à mon

repos : où je crois être utile, l'on me trouve. Entraîné par un mouvement européen, je le seconde de mon mieux; les anciennes voies de la zootomie sont, autant que possible, abandonnées : les anatomistes cherchent à s'en ouvrir de nouvelles; faisons qu'en France nous ne restions point en arrière.

Mais je brise sur ce hors-d'œuvre pour en venir décidément aux faits de l'argumentation du 22 mars. Tant de détails sur les hyoïdes sont imposans : le public s'y doit laisser prendre comme à la preuve d'un vaste savoir; aussi nombreux qu'ils sont, je ne les redoute pas, et je les tiendrais même volontiers pour très exacts, si ce n'était cependant ce merveilleux fil d'archal, capable d'exécuter, dans un squelette, une si savante manœuvre. On ne commente pas une plaisanterie; je passe outre.

C'est bien, c'est d'une discussion loyale que d'en être venu à étudier la question générale dans une application particulière; et le choix de l'hyoïde surtout est heureux pour le faire avec quelque profondeur. A cet égard, les faits comme observation sont si évidens, qu'il ne faut, a-t-on remarqué, et je suis du même avis, qu'il ne faut que des yeux communs pour les voir, qu'un bon sens ordinaire pour les saisir; par conséquent ils sont, du moins le plus grand nombre, pour mes yeux et les facultés de mon esprit, tels que l'argumentation les a disposés et présentés. Cela dit et accordé, on se demandera s'il reste encore après cet aveu un dissentiment entre nous sur le caractère des hyoïdes; oui, sans le moindre doute. Car c'est d'une appréciation scientifique de ces mêmes faits qu'il s'agit. C'est une question de philosophie qui nous divise, non pas toutefois dans un aussi haut degré qu'on paraît le croire et qu'on l'a dit. Il n'est, pour nous tenir à distance, que l'intervalle qui sépare les idées de la doctrine aristotélique de celles de la théorie des analogues. Voilà ce qu'il faut expliquer.

Ce n'est pas sans y avoir mûrement réfléchi que j'ai tout à l'heure rejeté la voie de conciliation offerte. La proposition eût été également offensante pour tous deux; car, ni l'un de nous n'exclut pas les rapports pour ne s'attacher qu'à la considération des différences, ni l'autre n'entend non plus négliger les différences pour ne s'occuper que des rapports. Faudrait-il n'étudier que les différences? y a-t-il un grand mérite à arriver avec ses sens sur quelques matériaux, qu'il ne s'agit que de compter ou sur des organes dont on désire prendre le poids ou la longueur. Nous connaissons quelques naturalistes, on les qualifiera comme on le voudra, qui s'en tiennent à ces légers travaux, utiles encore, et qu'il ne faut pas dédaigner. Et, dans le nombre de ces travaux, je ne puis ni n'entends comprendre les Leçons de l'anatomie comparée. Certes, j'ai trop à cœur l'observation des convenances, le désir d'être juste, pour me le permettre, même par une allusion détournée.

Cependant nos vues diffèrent. En quoi donc consiste cette différence ou de méthode, ou de philosophie? Si c'est, ce cas arrivant, que l'attention se porte avec prédilection sur le caractère des différences, on admet les rapports malheureusement avant, et non après une étude *ex professo*. On pressent ces rapports, on les tient du moins pour acquis instinctivement. Dans quelques cas, mais non toujours, on a l'évidence pour soi. L'on est en effet autorisé à dire, et tout-à-fait dispensé de prouver que, par exemple, l'œil du bœuf est à tous égards un organe identique de composition avec l'œil de l'homme; de même que, dans la science des nombres, l'on déclare et l'on ne prouve pas que deux et deux font quatre. Mais, je le répète, ce n'est pas toujours dans ce caractère d'isolement, non toujours avec une révélation aussi évidente de leurs communs rapports, que se présentent les appareils comparables de l'organisation animale. Il est tout simple, si une conception instinctive vous persuade que les yeux de l'homme et du bœuf sont au fond un seul et même organe, que vous puissiez passer de suite à la comparaison de tous les détails, que vous en examiniez toutes les différences. Chaque partie peut être plus ou moins amaigrie, plus ou moins volumineuse, et la somme de toutes ces différences partielles donne l'expression différentielle et caractéristique de chaque œil en particulier.

Mais pour un cas aussi simple, combien d'autres qui offrent une très grande complication, et qui constituent de curieux problèmes à démêler? Puisque j'ai écrit sur l'hyoïde *ex professo*, c'est que j'ai pensé qu'il était placé dans cette seconde condition.

L'argumentation à laquelle je réponds me paraît reposer sur une continuelle contradiction. Elle dit l'hyoïde de l'homme différent de celui du singe, celui du singe autre que l'hyoïde du maki, autre celui du lion, etc. Mais quel écolier de zoologie ignore cela? Que l'on passe d'une classe à une autre, l'hyoïde, dans la même raison que les animaux sont descendus de quelques degrés, est modifié plus profondément. Que conclure de cet exposé? rien autre chose sans doute, si ce n'est que ces faits sont parfaitement connus. L'on insiste beaucoup sur l'hyoïde de l'alouatte, sur cet énorme tambour en forme de cucurbite. Je m'étais attendu qu'on allait nous apprendre quelque chose de nouveau à ce sujet; si c'est là un os excavé comme la boîte crânienne? L'a-t-on examiné dans un premier âge, pour connaître s'il est également formé de parties? Ce qu'on a voulu dire, c'est que c'est là une difficulté pour tout le monde. Je ne conviens point de cela, et je renvoie à ce que j'ai écrit, dans ma seizième leçon sur les mammifères[1], touchant l'hyoïde caverneux de l'alouatte.

Cependant, en grandissant ces différences pour les faire sortir des cas des altérations proportionnelles au degré d'organisation de chaque famille, l'argumentation aurait-elle voulu dire que les différences sont si fortes, que, seules, elles dominent, et que les rapports ne sont nulle part? N'est-ce pas ce qu'il faudrait conclure de la phrase. *Amenez sur ces faits des yeux communs, ils ne peuvent que s'en tenir à l'apparence; ils voient que cela ne ressemble pas.* Mais je dis à mon tour : « Amenez sur ces faits l'esprit de com- « binaison et de recherches, arrivez sur eux avec « une sagacité capable de saisir les points com- « muns, cachés sous le masque de quelques excès « dans le volume des parties, dissimulées par des « formes qu'auraient profondément altérées des cas

[1] Telle fut ma première réponse, alors faite d'après mes souvenirs : elle est telle ici que je l'ai communiquée à l'Académie. Cependant, en remplissant le devoir d'un correcteur d'épreuves quant au précédent article, j'ai pu reprendre ce même sujet, le revoir en interrogeant de nouveau les faits, et en finir par une discussion étendue sur ce point particulier de notre controverse. Voilà comment la question relative à l'hyoïde de l'alouatte se trouve reproduite pour la seconde fois dans cet ouvrage, et même déja employée plus haut; *voyez* page 149.

« d'hypertrophie ou d'atrophie, vous apercevrez « bientôt l'analogie de ces faits; vous en donnerez « aussi sûrement que facilement les rapports. »

Je ne ferai point sans doute l'injure à l'argumentation de dire qu'elle méconnaît de fait les propositions générales qui résultent de ces rapports; car elle me répondrait : *Est-ce que je ne donne pas partout le même nom générique aux hyoïdes, tant à l'appareil ainsi nommé chez l'homme, qu'à celui de toutes les familles des quatre classes d'animaux vertébrés; et donner un même nom à une chose, n'est-ce pas déclarer implicitement que l'on croit à son caractère d'une même chose au fond?*

Ainsi il faut que ce soit moi qui prenne le soin d'aller découvrir dans les raisonnemens de l'argumentation qu'elle s'est définitivement rangée de mon avis, et que par conséquent elle et moi croyons tous deux à un hyoïde, le même sous le rapport philosophique. Mais alors puis-je répliquer : Pourquoi s'être donné tant de peine pour cacher en quelque sorte cette vérité, pour l'avoir ensevelie sous un amas si considérable de cas différentiels, tous fort bons à rappeler, si on les restreint à leur portée de faits particuliers.

Il y a du moins contradiction dans les raisonnemens de l'argumentation, si elle soutient qu'il n'est pas d'hyoïde essentiellement le même eu égard à son intime composition, quand elle se sert du même mot pour le désigner Car je pense bien que l'argumentation aura voulu s'épargner le soin de m'apprendre, à moi qui ai écrit *ex professo* sur les hyoïdes, qu'en les examinant dans leurs modifications secondaires, il y a véritablement diversité d'hyoïde d'une famille à l'autre, plus grande diversité d'une classe à une autre classe. Autrement, j'entrerais aussi dans les détails, et je montrerais qu'ayant étudié cet appareil d'abord dans ses rapports, je suis arrivé à une connaissance plus approfondie des différences : je montrerais surtout que je ne me suis pas tenu à dire le poids et la longueur de chaque partie, ce qui forme la portion la plus considérable de toute description des formes, mais que j'explique pourquoi et comment interviennent les différences. Car qu'un élément soit absent, le principe du balancement des organes donne l'explication de ce fait; c'est-à-dire que cette absence se montre aussitôt compensée et révélée par un accroissement que prend un autre organe du voisinage : c'est enfin qu'il n'y a, comme on l'a déjà vu, de différences bien appréciées, que les différences constatées par une exploration complète des faits, qui aurait auparavant donné leurs communs rapports.

Nous ne pouvons le taire; il y a une confusion manifeste dans les raisonnemens de l'argumentation; et cette confusion me paraît même portée à son dernier terme, quand, ne s'appliquant point à discerner les divers degrés de l'organisation, l'argumentation demande qu'on lui fournisse *ipso facto* les rapports immédiats *de la Méduse et de la Girafe, de l'Éléphant et de l'Étoile de mer.* Un tel *a fortiori* n'arrive sans doute point là *en désespoir de cause.* Je regrette véritablement de rappeler cette expression. Cet *a fortiori* n'est probablement qu'une négligence échappée à la plume de mon savant confrère. La phrase a fait, je crois, sourire quelqu'un dans l'assemblée ; mais, je le suppose du moins, elle n'aura porté de conviction dans aucun esprit.

J'attribue la confusion que je viens de signaler à la différence de nos deux méthodes. La doctrine aristotélique, même comme elle était tout récemment perfectionnée, abandonne encore à beaucoup trop d'arbitraire les données de son point de départ dans la recherche des organes analogues. Il lui suffit qu'entre des organes quelle tient pour comparables il y ait quelque rapport de forme ou de fonction qui frappe les sens; elle saisit ce rapport sans autre justification. Ainsi son sort, et je pourrais dire plus, son tort est d'admettre le fait analogique avant étude, pour passer immédiatement aux considérations des modifications accessoires, au caractère des cas différentiels. Et dans l'usage, j'y ai donné tant de fois attention pour en étudier les ressources, j'ai toujours vu qu'on est entraîné par cette doctrine au delà du but même qu'elle se propose. Effectivement, que l'on chemine dans les rangs des diverses familles, et qu'en descendant quelques degrés de l'échelle, les différences augmentent en intensité, l'on néglige de vérifier, s'il ne serait pas survenu des changemens graves et proportionnels dans les conditions primitives du fait analogique.

La théorie des analogues se défend au contraire de ce vague, elle prévient toute confusion par sa sévérité au point de départ. Qu'un appareil soit composé de plusieurs matériaux, elle n'est satisfaite que si elle connait chacun dans son essence; en se portant sur les différences, elle ne perd jamais de vue les faits du point de départ; elle s'informe si des matériaux disparaissent ou par soudure, parce qu'il y aurait fusion d'une pièce avec une autre, ou par une atrophie portée à son dernier terme. Car la théorie des analogues ne préjuge pas la conservation invariable des matériaux, mais elle intervient pour en faire l'appel et pour en régler le compte. Ainsi, c'est après une étude *ex professo* des matériaux que, sortie des rapports préalablement étudiés, elle laisse toute faculté à la considération des différences.

Ce ne sont, ni ces principes ni aucun des corollaires de mon travail *ex professo* sur les hyoïdes que rappelle l'argumentation; mais elle a conçu des préventions qu'ensuite elle combat tout à son aise. « *Votre principale règle*, m'oppose-t-elle, *ne reconnaît que le nombre des parties.* » Cependant il n'en est rien. On va en juger par les deux corollaires suivans, de mon mémoire imprimé en 1818 :

1° *L'appareil hyoïdien est au fond le même dans tous les animaux vertébrés.*

2° *L'hyoïde, généralement parlant, est composé de neuf pièces dans les poissons, de huit dans les oiseaux, et de sept dans les mammifères, non compris les os styloïdes.*

Cependant l'argumentation ajoute que de quelques phrases de mes derniers mémoires, elle peut encore conclure que je m'appuie aussi sur l'ordre des connexions : car ces phrases prononcent nettement l'exclusion de la considération de la forme et des fonctions. Je lui réponds également par un autre corollaire de mon ouvrage de 1818, où le fait de ces rapports de connexion est posé comme un principal caractère ; en toute occasion, ai-je écrit, l'hyoïde forme la *charpente solide d'une cloison qui sépare l'arrière-bouche du vestibule de l'organe respiratoire.*

Et continuant par le reproche du défaut de proposition claire, du défaut de règle générale intelligible, l'argumentation prétend prouver par les faits,

1° *Que l'os hyoïde change en nombre de parties*

d'un genre à un autre genre: j'ai dit, j'ai établi, j'avais déja prouvé cela autrefois. Chaque classe, non comprise celle des reptiles qui est artificiellement formée, voit pour elle revenir un nombre donné de matériaux, neuf, huit et sept : si cela n'est pas toujours à l'égard de quelques familles, l'exception vient confirmer la règle. Car la cause perturbatrice se montre alors avec évidence, et rend raison du désordre apparent.

2° *Que l'hyoïde change de connexions.* Voilà ce qu'annonce l'argumentation; et ce terrain, je l'engage moi-même à ne pas l'abandonner : je m'expliquerai tout à l'heure plus clairement.

3° *Que de quelque manière* (je transcris), *que de quelque manière que l'on entende les termes vagues employés jusqu'à présent d'analogie, d'unité de composition, d'unité de plan, on ne peut pas les appliquer d'une manière générale à l'hyoïde.*

J'ai répondu plus haut à cette assertion, et j'ai, je crois, suffisamment démontré que, combinée avec l'emploi du mot hyoïde, cette objection renferme un non-sens. Et en effet, on se refuse à l'idée de la généralité d'un appareil hyoïdien, étant au fond le même pour tous les animaux vertébrés, précisément dans une dissertation où l'on nomme cette chose en général. Quoiqu'on en puisse dire, c'est un organe *sui generis*, et certes, l'hyoïde préexiste aux facultés qui lui seront ultérieurement reconnues, à cette disposition des parties dont on voudrait faire l'unique sujet des considérations à lui appliquer.

4° *Et enfin, qu'il y a des animaux, une foule d'animaux qui n'ont pas la moindre apparence d'os hyoïde, que, par conséquent, il n'y a pas même d'analogie dans son existence.*

Je ne puis croire que ce soit pour moi, que ce soit pour les savans versés dans les études zootomiques, que cette objection est écrite. Il faut heure, âge convenable pour que, dans un embryon quelconque, d'homme, de mammifère, d'oiseau, etc., l'hyoïde apparaisse; auparavant il n'est pas compatible avec le degré d'organisation de cette époque. De même chez les animaux qui appartiennent à ce même degré des développemens organiques, il n'y a, il ne peut y avoir d'hyoïde; quoi de surprenant à cet égard?

Viendrai-je ajouter quelques réflexions sur la formation de tous les tissus osseux? Je ne m'exposerai pas au ridicule de paraître apprendre quelque chose sur ce point de théorie à mon savant confrère. Et, en effet, à qui est-il besoin de persuader que l'hyoïde, aussi-bien que toutes les autres parties osseuses, que l'hyoïde, dis-je, avant d'avoir pris consistance et caractère d'os, a passé par l'état cartilagineux; qu'avant cela, il était à l'état fibreux, et que, plus anciennement encore, il était représenté par une membrane aponévrotique.

J'avais refusé de croire que l'on m'eût apporté, comme une objection et comme une proposition nouvelle, que les matériaux de l'hyoïde disparaissent, qu'il n'y a point d'hyoïde dans les animaux du degré de développement, qui caractérise les organes de la vie embryonaire. N'ai-je point écrit, au sujet même des hyoïdes : Un organe est plutôt détruit, entièrement disparu que transposé.

Maintenant, l'argumentation continue : *J'ai anéanti, j'ai totalement anéanti les principes que l'on donne à la fois comme nouveaux et comme universels ; il ne me reste plus qu'à faire application d'autres principes, sur lesquels la zoologie a reposé jusqu'à présent, et sur lesquels elle reposera encore long-temps.*

Cette base ancienne de la zoologie, c'est la considération des formes et des fonctions; voilà ce que l'argumentation va essayer de reprendre, mais en faisant un grand pas rétrograde. Il y a une adresse extrême dans le choix d'un mot dont on se sert pour la première fois ; car, avec son double sens, on trouve à se placer tout au milieu de la distance, qui sépare les deux doctrines, celle d'Aristote et la théorie des analogues, c'est le mot *disposition*, qui est certes d'habile invention; car il se prêtera, selon l'occurrence, à signifier *position des parties*, dans l'étude anatomique, et *relation des fonctions*, pour les études physiologiques.

Tout à l'heure c'étaient quatre objections qui ont anéanti, qui ont totalement anéanti mes principes. Voici venir quatre propositions numériquement correspondantes, qui contiendront des principes vrais en remplacement de principes faux. Les voici textuellement; les réflexions viendront après.

« 1. L'os hyoïde, dans une même classe, bien « que variable pour le nombre de ses élémens, est « cependant *disposé* de même, par rapport aux « parties environnantes.

« 2. D'une classe à l'autre, il varie, non plus « seulement en composition, mais en dispositions « relatives.

« 3. De ses deux ordres de variations et de ses « variations de formes combinées, résultent les « variations de ses fonctions.

« 4. Et enfin, si l'on passe de l'embranchement « des vertébrés aux autres embranchemens, il dis- « paraît de manière à ne pas même laisser de « traces. »

Pour moi, qui comprends le sens de ces paroles, je vois avec plaisir que je n'ai plus d'adversaire en ce qui concerne les hyoïdes, sous le rapport des généralités; peut-être toujours encore sur un seul point, le chapitre des connexions.

J'ai dit plus haut que le choix des hyoïdes dans la présente discussion était heureux, parce que je pressentais déja l'actuel résultat. Le nombre des pièces est borné; et aussi bien connues qu'elles le sont de nous deux, elles devaient parler avec autorité également à l'un de nous comme à l'autre; enfin, un autre motif devait amener la conciliation des deux opinions; c'est que sous l'action de l'une comme de l'autre inspiration, puisant des motifs à chaque point de départ, considérant enfin les pièces, soit anatomiquement, soit physiologiquement, on ne pouvait qu'arriver à en juger de la même façon.

Que contiennent les quatre objections ou les nouveaux principes à substituer à ceux par moi émis?

1°. On admet que l'*hyoide est composé d'un nombre quelconque d'élémens, et qu'il est* DISPOSÉ *de la même manière par rapport aux parties environnantes.* Sauf l'emploi nouveau du mot *disposé*, mais qui dans cette phrase est certainement synonime des adjectifs *sitüé*, *posé*, c'est là un de mes corollaires. Avant moi, qui avait pensé qu'il y eût condition d'appareil en l'os hyoïde, et que cet appareil fut composé d'élémens, chacun à part déterminable?

2°. Comment entend-on *que d'une classe à l'autre, la variation ne porte plus seulement sur la composition, mais sur les dispositions relatives?* Si je cherche à saisir le sens un peu obscur de cette phrase, je crois que *disposition relative* est là pour tenir lieu de l'expression *fonction relative*. Or, ce n'est pas moi qui réclamerais contre le soin d'une recherche concernant la fonction; je demande seulement qu'elle ait lieu consécutivement à la détermination du corps hyoïdien, ou mieux, des divers élémens hyoïdiens.

3° *Les variations des fonctions sont des résultantes des autres causes de variation.* J'adopte, sans la moindre difficulté, cette proposition générale, qui s'accorde avec l'enchaînement de mes idées. Il y a long-temps que, me refusant aux enseignemens des causes finales, j'ai dit : *tel est l'organe, telle sera sa fonction.*

4° *Enfin, si l'on passe de l'embranchement des vertébrés aux autres embranchemens, l'hyoïde disparaît.* Je crois avoir remarqué qu'il persistait encore dans les crustacés; mais passons sur cela : il n'est rien là à quoi je n'aie, plus haut, répondu entièrement, cathégoriquement.

On a donc refait le thême que j'avais produit dans mon mémoire, *ex professo*, sur les hyoïdes. On a adroitement, sans trop le laisser paraître, reculé de quelques pas en venant sur moi; mais, il faut être vrai, ce n'est point encore de toute la distance qui nous avait séparés.

La faute faite, suivant moi, c'est de prendre l'hyoïde comme un être abstrait, avant l'étude de ses rapports, pour en développer ensuite toutes les faces différentielles, quand, au contraire, je ne vais sur ces cas de différences, qu'après avoir ramené tous les élémens de l'appareil hyoïdien à leurs véritables analogues. Dès que ces élémens varient en nombre suivant les familles ou les espèces, je veux, avant de comparer, savoir ce que je dois comparer : je demande combien de matériaux sont employés dans la fonction et la composition de l'hyoïde? combien et quels en particulier, sont conservés pour faire partie de l'appareil ?

Maintenant, à d'autres égards, ce n'est plus d'habileté que je louerai l'argumentation. Elle aurait pu trouver où me prendre, si elle eut discuté les applications que j'avais faites du principe des connexions; l'argumentation ne l'a pas fait avec bonheur : elle a produit des allégations en général, mais point d'explication positive basée sur une démonstration. C'est que, pour mieux faire, il eût fallu qu'elle attachât au caractère des connexions autant d'importance que moi : ce qui n'est pas.

J'aurai à revoir quelques anciens travaux : des erreurs étaient inévitables dans une entreprise continuée durant tant d'années. Ces fautes sont réparables et presque toutes effacées, sur les indications même du principe des connexions; c'est-à-dire, qu'il faut que je ne m'en écarte en aucune manière.

Quand j'ai pris la courageuse résolution d'arriver *ex professo*, sur la détermination de chaque système d'organe, tout était à rechercher, à créer, principes et voie d'expérimentation ; mais surtout il fallait se défendre d'habitudes vicieuses qui ne permettaient plus de marcher en avant. Devais-je faire arriver à la fois tous les inconnus du problème pour m'aider des uns au profit des autres. C'est cela qu'on avait fait, et sans de grands avantages. Je pris, au contraire, le parti de ne m'occuper que d'un seul système, d'essayer de le comparer isolément et partie par partie dans toute la série des êtres. Je fis choix du système osseux. Cet inconnu d'abord dégagé, les autres inconnus, je l'espérais du moins ainsi, c'est-à-dire, les autres systèmes organiques, systèmes nerveux, circulatoire, musculaire, etc., ne pouvaient manquer d'être éclairés d'une vive lumière, par les faits étudiés de l'inconnu dégagé, ou de l'organe déterminé.

Cependant, pour donner toutes les généralités désirables, se prononcer avec une égale sécurité sur toutes les difficultés du sujet, la science de l'organisation n'avait point encore à sa disposition d'autres ressources, dont celle de la détermination des organes a depuis trouvé à s'appuyer. Oh! si ce secours nous fût venu de l'étranger, de l'Allemagne, par exemple, que tant de travaux dans cette direction rendent si recommandable aux amis des sciences, que nous eussions mis d'empressement et d'enthousiasme dans le témoignage de notre gratitude! Que de satisfaction nous éprouverions à célébrer d'aussi grands succès! Mais cette obligation, nous l'avons à un des nôtres, à un anatomiste placé dans nos rangs [1]; et un autre sentiment, qui est aussi l'accomplissement d'un devoir, nous impose de parler avec réserve du secours tout puissant que, dans ces derniers temps, la doctrine de l'unité de composition a reçu de la théorie du développement excentrique.

Un autre secours inespéré, qui est aussi venu également assurer ma marche, m'a été fourni par mes études sur les monstruosités. Tous les faits de variation que la série des êtres m'avait offerts, la monstruosité me les a aussi donnés dans une correspondance suivie et en quelque sorte régulière, au moyen de ses anomalies qui se répètent sous tant de formes diverses dans le cercle des développemens d'une seule espèce.

Voilà pourquoi et comment je trouve à faire quelques rectifications, relativement à mes anciennes déterminations des matériaux de l'hyoïde. Les annoncer ces rectifications, c'est promettre un travail nouveau : je le réserve pour une autre séance.

Je n'ai pas eu le temps de suivre l'argumentation

[1] M. le docteur Serres.

du 22 mars sur les os hyoïdes dans toute son extension, c'est-à-dire de reprendre tous les détails qu'elle a accumulés. Il m'a semblé qu'il fallait d'abord traiter les faits généraux : les détails ne sont plus, dans un second plan, que des faits conséquens, qu'il devient ensuite très facile de ranger chacun à sa place et d'apprécier exactement dans sa spécialité.

Réflexions diverses et dernières.

Mais il y a mieux : c'est que je me serais trompé sur tous ces faits de détails, que l'argumentation ne serait point encore en droit de conclure contre le principe de mes doctrines philosophiques. Car ce ne serait pas la première fois qu'une généralité serait considérée comme légitimement entrée dans le trésor des conceptions de l'esprit humain, bien que d'abord elle eût été basée sur quelques considérations particulières inexactes, sur des preuves tenues actuellement pour inadmissibles.

Ainsi Buffon érige en loi zoologique la proposition que les animaux des contrées équatoriales habitent l'un des continens à l'exclusion de l'autre; Lavoisier donne sa théorie de la fermentation vineuse; et de Lamarck, avec la même sûreté d'esprit et de jugement, avance qu'il est dans le monde extérieur des causes d'influence et d'excitation suffisantes pour modifier en raison de leurs actions l'organisation des animaux; suffisantes pour en altérer les formes, pour en faire varier les fonctions. Mais ces propositions conçues avec une toute puissance d'intelligence et d'avenir aujourd'hui universellement avérées, n'avaient cependant été recommandées à leur première apparition que par des démonstrations, fondées sur des faits, dont l'expérience des dernières années a révélé l'inexactitude. Cependant, dira-t-on, comment seraient vraies ces propositions générales, puis faux les faits, d'où elles auraient été déduites ? C'est qu'il existait par delà les faits observés encore quelqu'autre chose pour la pensée de ces hommes de génie. Tels étaient effectivement le droit et le propre de leur supériorité d'intelligence, qu'ils tenaient comme existant véritablement, ce que, dans leur force de conception, ils avaient jugé devoir être. Ainsi, pour ces hautes capacités, que les faits fussent nécessaires, ils étaient pressentis, pré-aperçus, conclus [1].

[1] Voulez-vous un autre exemple de cette toute puissance du génie ? Écoutez Montaigne, après qu'il a décrit un enfant monstrueux, du genre *hétéradelphe*. Montaigne, se portant toujours sur la raison des choses, connaît, mais rejette les explications des anciens sur la monstruosité. Aristote n'y voyait qu'un sujet de condamnation de la nature dérogeant à ses lois; et Pline, rajeunissant cette pensée par un abus de l'esprit, avait dit : ELLE VEUT NOUS ÉTONNER ET SE DIVERTIR ; *miracula nobis, ludibria sibi fecit natura*. Du seul fait qu'il a sous les yeux, Montaigne

L'argumentation a passé sous silence ces hauts motifs de philosophie. Je lui sais gré néanmoins de ce que, se proposant de renverser ma doctrine, elle ait songé à la remplacer par un autre ordre d'enchaînement de causes et d'effets. « Tel est son principe des conditions d'existence, de la convenance des parties, de leur coordination pour le rôle que l'animal DOIT jouer dans la nature. »

Cependant c'est à la doctrine des considérations du *fait* substituer celle des *besoins*. C'est, de quelque manière qu'on veuille dissimuler cette in-

s'élève à toutes les hauteurs de la question; il juge des phénomènes de la monstruosité d'après leurs causes et conditions nécessaires, et il conclut ainsi : *ce que nous appelons monstres ne le sont pas à Dieu, qui voit dans l'immensité de son ouvrage l'infinité des formes qu'il y a comprises.*

Cette pensée de Montaigne sera développée. Déja Hérholdt, célèbre médecin de Copenhague, considère la monstruosité comme des cas permanens d'anatomie pathologique, comme une source féconde d'enseignemens montrant possibles divers autres arrangemens, quant à la circulation des fluides.

Il n'y a pas de doute que les faits réunis et raisonnés de la monstruosité, ne deviennent pour les études de l'organisation animale une sorte de science à part, de la plus grande utilité. Des *Élémens*, où les faits connus soient convenablement rassemblés, sont un livre aujourd'hui nécessaire : mon fils (ISID. G. S. H.) s'occupe de rédiger cet ouvrage : il y a préludé par une thèse qui a fixé sur lui l'attention des physiologistes, par sa thèse inaugurale comme médecin, intitulée : *propositions sur la monstruosité, considérée chez l'homme et les animaux.*

tention toutefois manifeste, se resoudre à s'en tenir aux faciles et décevantes explications des causes finales. Je ne reviens point sur ce que j'ai dit plus haut (*voyez* page 66), touchant cette philosophie, je ne puis que la croire généralement abandonnée, en lisant ces paroles, qui me paraissent d'une profondeur et d'une force de vérité à être aussitôt saisies par tous les esprits réfléchis : « *Les causes finales* ne sont, en dépit de leur nom, que les effets évidens, ou les conditions même de l'existence de chaque objet; et sous ce rapport, on aurait peut-être mieux fait de les nommer des causes nécessaires. Il est toujours certain qu'on n'a jamais rien prouvé par elles, sinon leur impuissance même de rien prouver. » *Revue Encyclopédique*, tome V, page 231.

Ces dernières réflexions sur la liaison des faits, sur leurs causes nécessaires, paraissent ne se rattacher qu'indirectement aux questions agitées dans la présente controverse : mais leur commune connexité ne saurait échapper à la sagacité du lecteur.

Qu'effectivement le lecteur ait confiance dans les progrès de la pensée publique ; qu'il soit l'homme de son temps, qu'il use de sa faculté de jugement, et qu'il ne se laisse point prévenir par ce principe à dessein souvent reproduit, que *l'histoire naturelle est la science des faits particuliers*, par le développement, qu'il n'est de philosophie qu'avec des faits nombreux, savamment disposés, que par eux et avec eux, qualifiés et recommandés sous le nom *des faits positifs*[1].

[1] M. Cuvier compte beaucoup sur le pouvoir d'influence de cette expression, et il l'oppose à une tendance de quelques esprits, fâcheuse dans son opinion. Ainsi quand il donna, le 12 octobre 1829, à l'Académie royale des sciences, l'histoire naturelle d'un nouveau genre de ver parasite, *hectocotylus octopedis* (mémoire qui fut depuis imprimé dans les Annales des sciences naturelles, t. XVIII, p. 149), il ne manqua pas d'insister sur la remarque qu'un autre à sa place se serait empressé, pour expliquer cette nouveauté, de bâtir un système : telles furent ses paroles que l'élévation de la voix et l'indication d'un regard apportèrent de mon côté : *Pour nous, qui dès long-temps faisons professsion de nous en tenir à l'exposé* des faits positifs, *nous nous bornerons à décrire.*

Je répondis, dans la séance suivante, le 19 du même mois, à cette insinuation; ce fut dans mon écrit *sur deux frères siamois, attachés ventre à ventre depuis leur naissance.* Ayant présenté dans ce mémoire mes vues sur la loi de formation des organes, je poursuivis dans ces termes :

« Or, ceci n'est point un vain produit de l'imagination, mais un point accompli des destinées et des devoirs scientifiques, un de ces corollaires qu'appellent les besoins de l'époque, qui arrivent à leurs momens, enfantés qu'ils sont par les progrès de l'esprit humain; pour qu'on ne se méprenne point sur le sens de ces paroles, nous ajouterons qu'après l'établissement *des faits positifs*, il faut bien qu'adviennent leurs conséquences scientifiques; tout comme après l'achèvement de la taille des pierres, il faut bien qu'arrive leur mise en œuvre. Autrement, quel fruit retirer de ces matériaux ? vraie déception s'ils sont

Car, est-ce qu'on connaîtrait des faits auxquels cette qualification ne peut point s'appliquer? voudrait-on insinuer que des naturalistes en méconnaissent la nécessité? Il ne faut pas trop presser ce point de l'argumentation : ce serait aussi par trop l'embarrasser. L'insinuation tombe où commence l'œuvre d'une accusation aussi grave.

Mais cependant il est une certaine école qui abuse de la méthode *à priori*, que l'imagination entraîne jusqu'au degré de la poésie, et qui, principalement formée des *philosophes de la nature*, se fait de sa confiance en ses pressentimens un moyen d'explication pour la solution des plus hautes et des plus difficiles questions de la physique. Mais, dirons-nous à notre tour, pensons aussi à cette autre école, qui veut trop que l'on s'en tienne au seul enregistrement des faits. Ou plutôt, faisons mieux : évitons l'un ou l'autre de ces écueils, en songeant à ce que nous devons de confiance au sens de cet adage : *in medio stat virtus*.

inutiles, si on ne les assemble et ne les utilise dans un édifice.

« La vie des sciences a ses périodes comme la vie humaine; elles se sont d'abord traînées dans une pénible enfance, elles brillent maintenant des jours de la jeunesse; qui voudrait leur interdire ceux de la virilité? L'anatomie fut long-temps descriptive et particulière : rien ne l'arrêtera dans sa tendance pour devenir générale et philosophique. » Voyez *Rapport à l'Académie*, etc. Ce Rapport est imprimé dans le *Moniteur* du 29 octobre 1829.

Qui se rappelle aujourd'hui que dans les premières années de la révolution, des classificateurs selon la méthode linnéenne, naturalistes occupés seulement d'espèces, vinrent au Jardin du Roi, placer sous le plus ancien de nos cèdres du Liban, un buste de Linnéus? Ils voulaient beaucoup moins honorer le plus grand naturaliste des temps modernes, que protester contre le développement de l'école de Buffon, à laquelle ils reprochaient de trop s'abandonner aux séductions de l'imagination et de la poésie; efforts malheureux, dont la postérité n'a tenu aucun compte! C'est que le Public, où aboutissent tous les sentimens divers, où se concentrent tous les besoins des classes, et qui jouït ainsi d'une vue instinctive aussi sûre qu'étendue, rejette comme erronées toutes ces condamnations de l'esprit de parti. La force et l'élévation de la pensée s'empreignent nécessairement d'imagination et de poésie : les écrits de Buffon sont des faits développés qui le prouvent incontestablement. On le sait maintenant, aujourd'hui que tant d'éditions de l'*Histoire naturelle* se succèdent aussi rapidement; sorte de monumens, qui répètent à leur manière et qui sanctionnent ce jugement de ses contemporains, ce cri d'admiration que Buffon entendit de son vivant, qu'il vit tracé au bas de sa statue; *majestati naturæ par ingenium*.

PREMIER RÉSUMÉ[1]

DES DOCTRINES RELATIVES A LA

RESSEMBLANCE PHILOSOPHIQUE DES ÊTRES,

PAR LES RÉDACTEURS DU TEMPS;

NUMÉRO DU 5 MARS 1830.

La discussion solennelle qui vient de s'engager à l'Académie des Sciences, entre messieurs Cuvier et Geoffroy Saint-Hilaire, fixe l'attention de tous les hommes instruits. Essayons de présenter une idée

[1] Deux feuilles quotidiennes, encore plus spécialement vouées à constater les progrès des sciences et de la littérature qu'à suivre les discussions de la politique, le *Temps* et le *National*, ne se sont point bornées à rapporter dans l'ordre chronologique des séances, les faits débattus dans le sein de l'Académie royale des sciences, au sujet de la théorie des analogues : les auteurs de ces journaux ont pensé que s'ils se servaient d'expressions moins techniques, ils porteraient à la connaissance d'un public plus nombreux les points difficilement compris de ces graves questions de la science. C'est à leur délicate attention pour le plus grand nombre de leurs lecteurs, que le public est redevable de résumés clairs et lumineux sur la matière. Je ne vois pas qu'on ait pu faire mieux ; les questions sont remaniées de diverses façons, et en effet avec une telle supériorité, que j'ai pensé faire plaisir en reproduisant ces résumés, en les donnant ici textuellement. G. S. H.

des argumens sur lesquels chacun de ces deux savans a appuyé son opinion.

Les naturalistes s'occupent beaucoup, depuis une dizaine d'années, d'une théorie proposée par M. Geoffroy-Saint-Hilaire, sous le nom de théorie des analogues, et que ce savant présente comme devant offrir des bases nouvelles à la zoologie. Le principe fondamental sur lequel elle repose, consiste à admettre que tous les animaux, quelle que soit la diversité de leurs formes, sont le produit *d'un même système de composition*, et corporellement *l'assemblage de parties qui se répètent uniformément*. Ce principe a été accueilli avec faveur en France et dans quelques pays étrangers. De savantes recherches ont paru offrir des confirmations plus ou moins positives de cette doctrine.

La théorie proposée par M. Geoffroy-Saint-Hilaire n'obtint pourtant pas l'assentiment général; elle fût même rejetée dès l'origine par un naturaliste dont les travaux honorent le monde savant, M. Cuvier, qui n'a cessé de protester contre son admission, mais qui s'est abstenu de la combattre directement jusqu'au moment où une circonstance particulière l'a décidé enfin à entrer dans la lice.

Parmi les mollusques en général, et particulièrement les céphalopodes, se distinguent comme ayant une organisation extrêmement riche, et un très grand nombre de viscères analogues à ceux des classes supérieures. Ils ont un cerveau, souvent des yeux qui, dans les céphalopodes, sont plus compliqués encore que dans les autres vertébrés; quelquefois des oreilles, des glandes salivaires, des estomacs multiples; un foie très considérable, de la bile, une circulation complète et double, pourvue d'oreillettes, de ventricules; en un mot, des puissances d'impulsion très vigoureuse, des sens distincts, des organes mâles et femelles très compliqués, et d'où sortent des œufs dans lesquels le fœtus et les moyens d'alimentation sont disposés comme dans beaucoup de vertébrés.

M. Cuvier, dès son début dans la carrière des sciences, s'occupa d'une manière spéciale de ces animaux, et le premier fit sentir la nécessité de les tirer de la classe des zoophytes, dans laquelle on les avait laissés confondus, pour les placer à un degré plus élevé de l'échelle animale. Ses vues sur ce sujet ont été adoptées depuis par tous les naturalistes.

Cependant ces animaux à organisation si compliquée, M. Cuvier fut loin de penser qu'on pût les regarder comme formés sur le plan qui paraît, jusqu'à un certain point, commun à tous les vertébrés. Il déclara même formellement qu'ils lui paraissaient offrir l'exemple d'un système de composition essentiellement différent; et, par cette remarque, fit d'avance contre le principe de l'unité de composition une objection qui, si elle était fondée, le renverserait entièrement, puisque ceux qui le proclament, le regardent comme absolu et ne pouvant souffrir aucune exception.

Jusqu'à ces derniers temps, aucun des partisans du principe de l'unité de composition organique n'avait essayé de montrer comment l'organisation des mollusques pourrait être ramenée à celle des vertébrés.

MM. Laurencet et Meyranx, les premiers, ont osé se charger de cette tâche difficile. Ils ont pensé avoir résolu le problème, en considérant les mollusques comme des animaux vertébrés, pliés en arrière à la hauteur du nombril, de manière à ce que les parties de la colonne vertébrale fussent mises en contact.

Le mémoire de ces jeunes naturalistes, soumis au jugement de l'Académie des Sciences, fut l'objet d'un rapport très favorable de M. Geoffroy Saint-Hilaire, qui, en donnant son approbation au point de vue des auteurs, fit remarquer qu'il était directement contraire à l'assertion énoncée jadis par M. Cuvier, et qu'il fournissait une confirmation curieuse du grand principe, sur lequel il ne doute pas que la zoologie ne doive désormais être assise.

Ce fut en réponse à cette assertion de M. Geoffroy Saint-Hilaire, que M. Cuvier lut, dans la séance du 22 février, son mémoire sur *l'organisation des mollusques*, dans lequel il se livre à l'examen du principe de l'unité de composition organique. « Avant tout, dit M. Cuvier, il faut préciser les termes; il faut savoir ce que vous entendez par ces expressions, unité de composition, unité de plan. Si vous prenez les mots dans leur acception la plus rigoureuse, vous ne pourrez dire qu'il y a unité de composition dans deux genres d'animaux, qu'autant qu'ils sont composés des mêmes organes. De même, pour pouvoir affirmer qu'il y a unité de plan dans leur organisation, il faudrait pouvoir montrer que ces organes identiques sont disposés dans le même ordre chez les uns et chez les autres. Or, il est impossible que vous entendiez les choses ainsi; que vous ayez voulu soutenir que tous les animaux se composaient des mêmes organes arrangés de la même manière. Personne ne dirait que l'homme et le polype ont dans ce sens une composition *une*, un plan *un*.

« Par *unité*, vous n'entendez donc pas *identité*; mais, donnant à ce mot un sens différent de celui qu'on devrait naturellement lui supposer, vous vous en servez pour signifier *ressemblance*, *analogie*.

« Les termes ainsi définis, votre principe de l'*unité*, restreint dans de justes limites, paraît d'une vérité incontestable; mais alors il est loin d'être nouveau. Il forme, au contraire, une des bases sur lesquelles la zoologie repose depuis son origine, une de celles sur lesquelles Aristote, son créateur, l'a placée; et tous les efforts de l'anatomie n'ont pas cessé, depuis des siècles, d'être consacrés à son affermissement. Ainsi, chaque jour, on peut découvrir dans un animal une partie que l'on n'y connaissait pas, et qui fait saisir quelque analogie de plus entre cet animal et ceux des genres et des classes différentes.

« Il peut en être de même de connexions, de rapports nouvellement aperçus. Les travaux entrepris dans cette direction sont éminemment utiles, et ceux de M. Geoffroy Saint-Hilaire en particulier sont dignes de toute l'estime des naturalistes; ce sont des traits de plus qu'il a ajoutés à des ressemblances des divers degrés qui existent entre la composition des différens animaux. Mais il n'a fait qu'étendre les bases anciennes et connues de la zoologie, et ne semble point avoir prouvé l'unité ou l'identité de cette composition, rien enfin qui puisse donner lieu à la détermination d'un nouveau principe.

« Ainsi, en résumé, si par *unité de composition* vous entendez *identité*, vous dites une chose contraire au plus simple témoignage des sens; si par là vous entendez *ressemblance*, *analogie*, vous énoncez une proposition vraie dans certaines limites, mais aussi vieille dans son principe que la zoologie elle-même. »

Au surplus, ce principe si important et si ancien, M. Cuvier, et c'est surtout en cela qu'il diffère des zoologistes qu'il combat, est loin de l'adopter comme unique ; il le regarde, au contraire, comme subordonné à un autre bien plus élevé et bien plus fécond ; à celui des *conditions d'existence*, *de la convenance des parties*, *de leur coordination pour le rôle que l'animal doit jouer dans la nature.* Tel est le vrai principe philosophique d'où découle la possibilité de certaines ressemblances, l'impossibilité de certaines autres, le principe rationnel d'où celui des analogies de plan et de composition se déduit, et dans lequel, en même temps, il trouve des limites qu'on voudrait en vain méconnaître.

M. Cuvier, après avoir combattu ainsi d'une manière générale le principe de l'*unité de composition*, montre que l'application qu'en ont voulu faire MM. Laurencet et Meyranx ne peut être admise. Pour le prouver, il prend, d'une part, un animal vertébré, q[illegible] a plié comme le demandait l'hypothèse de ces naturalistes (le bassin vers la nu[illegible] et de l'autre, un mollusque mis en position[illegible]is il compare la situation respective des par[illegible] Il résulte de cet examen que la ressemblance signalée par les auteurs, est tout-à-fait imaginaire. Peut-être serait-il un peu moins difficile d'établir quelque analogie de situation, en supposant l'animal ployé en sens inverse de l'hypothèse (le bassin vers la partie antérieure de la tête[1]). Mais, dans cette supposition même, le problème serait bien loin d'être résolu. M. Cuvier va plus loin : il croit pouvoir affirmer qu'il est impossible qu'il le soit jamais d'aucune manière, et appuie son assertion

[1] Voilà précisément ce qui, selon MM. Laurencet et Meyranx, forme le caractère spécifique de la seconde famille des mollusques, les *gastéropodes*. Pour n'atténuer en rien le mérite de ces anatomistes, je m'étais bien gardé de dire dans mon rapport que j'avais eu, en 1823, une idée à peu près semblable à la leur : mais dans ces jours de vive discussion, je me réunis à eux pour prendre ma part des périls de la lutte.

J'ai en effet placé dans les recueils du célèbre médecin Broussais, *Ann.* etc. t. III, page 249, un écrit sous ce titre : *Système intra-vertébral des insectes*, où se trouve ce qui suit : « Pour moi, je n'ai jamais pu considérer une tortue renfermée dans sa double carapace, sans songer que le limaçon est de même aussi renfermé en dedans de sa coquille, et, quelque grande que soit la différence des deux organisations, que ces animaux y réussissent par l'emploi des mêmes moyens, par la mise en jeu d'organes analogues.

La boîte pectorale, ou, pour par[illegible] analogiquement, la coquille de la tortue est ouverte à ses deux extrémités ; par conséquent, point d'obstacle à ce que le canal des voies [illegible] ait ses deux issues d'entrée et de sortie, chacune à c[illegible]. Mais dans les mollusques à coquilles univalves, où le [illegible] n'a plus qu'une ouverture pour la bouche et l'anus, les deux issues d'entrée et de sortie sont rapprochées et disposées l'une à côté de l'autre ; les théties composées (*diazona et distoma*) sont dans ce cas. C'est que les canaux des voies digestives se sont détournés, et puis enfin repliés sur eux-mêmes, pour venir aboutir

sur la considération de nombreuses et énormes différences, en moins d'un côté, en plus de l'autre, que présentent les vertébrés et les mollusques.

M. Geoffroy-Saint-Hilaire a commencé la défense de sa doctrine, dans la séance du lundi 1er mars. Il a indiqué avec précision quel est le principe qu'il a soutenu jusqu'ici. D'abord il n'a jamais fait la distinction entre ces deux idées : unité de composition, unité de plan; et tout ce qu'on a voulu induire des conséquences exagérées auxquelles pourrait conduire leur ensemble, porte tout-à-fait à faux.

Conduit par l'observation seule à reconnaître que tous les animaux sont formés d'après un même système de composition, il a appelé le principe qui exprime cet aperçu, principe de l'unité de composition; et il ne voit pas ce qu'on pourrait objecter de raisonnable à cette expression. Mais, a-t-on dit, parlez-vous d'identité absolue ou simplement d'analogies, de ressemblances? « Je n'ai,

près de leur point de départ. Je ne fais pas là une pure supposition, en ce qui concerne les hauts animaux vertébrés. Et en effet, voyez chez la sole l'anus s'ouvrir derrière les os furculaires ; c'est si près de ceux-ci, que les viscères abdominaux en sont refoulés vers le haut et qu'en partie rejetés par derrière, ils se creusent sous le derme une loge à droite et à gauche de la nageoire anale. Ne croyez pas cependant à un changement de connexion : cette métastase est plus apparente que réelle. Etc etc. » G. S. H.

répond M. Geoffroy, jamais rien entendu au delà de ce que ces derniers mots expriment; alors vous n'avez rien dit de neuf; et loin d'avoir placé, comme vous le prétendez, la zoologie sur des bases nouvelles, vous n'avez fait que répéter une vérité connue depuis Aristote. »

Cette assertion est-elle exacte? Voilà ce que M. Geoffroy se propose d'examiner dans son premier mémoire. Il ne nie pas qu'Aristote n'ait eu un pressentiment du principe de l'unité de composition, que ce principe n'ait été également entrevu depuis par plusieurs hommes supérieurs, par Belon, Bacon et Newton même; c'est sur l'idée d'analogie de composition que repose tout l'échafaudage des méthodes en histoire naturelle.

« Ainsi, poursuit M. Geoffroy, si je n'avais fait qu'apercevoir de semblables analogies, qu'en indiquer de nouvelles, en suivant la méthode adoptée jusqu'ici, je n'aurais aucun droit à réclamer la priorité. »

Mais il n'en est pas ainsi : d'abord, M. Geoffroy ne s'est pas borné à recevoir ses inspirations d'Aristote, c'est dans la nature même qu'il les a puisées. Il a interrogé les faits, s'attachant avec ardeur et persévérance à la recherche de la vérité. Il est descendu dans l'examen des détails les plus minutieux, et sa conviction est le fruit de ses études personnelles.

Mais ce n'est pas seulement parce qu'il a poursuivi ses idées avec une persévérance peu commune, que M. Geoffroy est arrivé à reconnaître des analogies là où l'on n'avait jusqu'à lui aperçu que des différences. Ses succès, il les a dus surtout à une méthode qui lui est propre, et sur l'invention de laquelle il fonde surtout le droit qu'il croit avoir de se présenter comme fondateur d'une nouvelle doctrine. En effet, jusqu'à lui, c'était presque exclusivement la considération des formes et des fonctions qui avait guidé les naturalistes dans la recherche des analogies.

Loin de suivre la même marche, M. Geoffroy rejette toute déduction fondée sur la considération des formes et des fonctions, et proclame le principe que toute recherche zoologique ne peut avoir d'autre base solide que l'anatomie. Ainsi, des trois genres de considérations sur lesquelles les naturalistes s'appuyaient dans la recherche des analogies, M. Geoffroy en écarte deux comme tout-à-fait défectueuses. Une seule, suivant lui, doit être regardée comme ayant une valeur réelle; mais celle-là suffit, non seulement pour établir la réalité des analogies précédemment reconnues, mais même pour en faire apercevoir que personne n'avait soupçonnées jusqu'ici, pour fonder sur des preuves concluantes le grand principe de l'unité de composition organique.

Dans l'ancienne philosophie, c'étaient les organes des fonctions, pris dans leur totalité, qu'on considérait; dans la théorie de M. Geoffroy, c'est entre les matériaux constitutifs de ces organes qu'on doit chercher la ressemblance.

Prenons un exemple : l'os hyoïde de l'homme est composé de cinq osselets; celui du chat, de neuf. Ces deux parties, désignées par un même nom, sont-elles analogues dans l'une et dans l'autre espèce? Pour répondre affirmativement à cette question, dans l'ancienne doctrine, il suffira qu'elles soient consacrées au même usage; mais, dans la doctrine de M. Geoffroy, il n'en est pas ainsi, et l'hyoïde de l'homme fournit uniquement l'analogue de cinq des parties de celui du chat.

Quatre parties manquent donc à l'hyoïde de l'homme, et ces parties, dans la doctrine des analogues, doivent nécessairement se trouver quelque part. Le naturaliste, averti par elle, les cherchera donc dans les environs de l'organe qui en est dépourvu, et guidé par un autre principe de la nouvelle doctrine, celui des connexions, il ne tardera pas à les reconnaître dans ces saillies en forme d'aiguilles, placées des deux côtés du conduit auditif de l'homme, et auxquelles les naturalistes qui méconnaissaient leur origine, ont donné le nom d'*apophyses styloïdes*. Ainsi, ces parties de formes entièrement différentes, dépourvues des fonctions qu'elles remplissent dans l'hyoïde du chat, sont les véritables analogues d'une partie de cet organe.

En résumé, 1° M. Geoffroy est arrivé à la théorie qu'il proclame par des recherches qui lui sont propres.

2° L'ancienne école n'admet, avec M. Cuvier, le principe de l'analogie que dans certaines limites; M. Geoffroy, au contraire, ne reconnaît point d'exception à son principe de composition organique.

3° La marche que suit M. Geoffroy dans les études zoologiques, est essentiellement différente de celle qu'avait adoptée ses prédécesseurs. Ils cherchaient à établir leurs analogies d'après la considération des formes, d'après celle des fonctions, enfin d'après celle que fournit l'anatomie. M. Geoffroy veut que que toute recherche zoologique soit fondée uniquement sur l'anatomie; et avec ce seul élément de recherches convenablement employé, il arrive à des conséquences beaucoup plus étendues que celles auxquelles étaient bornés ses devanciers. Rien n'est donc moins fondé que le reproche qui lui a été adressé de n'avoir fait qu'élargir les bases anciennes. M. Geoffroy a incontestablement tenté de renverser les bases posées par ses prédécesseurs et d'en établir de nouvelles. Il peut avoir eu tort, il peut avoir eu raison; ce n'est pas cela qu'il s'agit d'examiner pour le présent. Mais, bonne ou mauvaise, la marche qu'il a suivie lui appartient essentiellement.

M. Cuvier n'a pas cru devoir répondre au mémoire de M. Geoffroy Saint-Hilaire; il s'est borné à faire remarquer que tout ce que venait de dire son savant confrère pourrait être vraï, sans qu'on pût en rien conclure sur ce qu'il avait avancé dans la dernière séance, relativement à l'impossibilité de ramener l'organisation de certains êtres des classes inférieures, celle de la seiche en particulier, au plan qui paraît commun à tous les vertébrés. M. Geoffroy, a-t-il ajouté, annonce qu'il abordera plus tard cette question : nous pourrons alors la discuter.

Il nous semble que M. Geoffroy aurait dû faire remarquer de son côté qu'il avait établi d'une manière incontestable tout ce qu'il s'était proposé de prouver pour le moment; savoir : que le principe de l'unité de composition organique, tel qu'il l'entend, diffère essentiellement de tout ce qu'on avait adopté jusqu'ici sur les analogies qui existent entre les êtres organisés, et qu'il était arrivé à ces idées nouvelles en suivant une marche qui lui est propre.

L'honorable académicien annonce qu'il entamera le fond de la question. Nous continuerons de tenir nos lecteurs au courant des discussions auxquelles ces mémoires subséquens pourront donner lieu.

SECOND RÉSUMÉ

DES DOCTRINES RELATIVES A LA

RESSEMBLANCE PHILOSOPHIQUE DES ÊTRES,

PAR LES RÉDACTEURS DU NATIONAL.

NUMÉRO DU 22 MARS 1830.

Des questions du plus haut intérêt sont en ce moment l'objet d'une discussion réglée, dans le sein de l'Académie des sciences, entre deux naturalistes du premier ordre, M. Cuvier et M. Geoffroy-Saint-Hilaire. Il ne s'agit de rien moins que de savoir si la philosophie zoologique, telle que l'a faite Aristote, telle que l'ont continuée les travaux de vingt-deux siècles; telle enfin que M. Cuvier lui-même l'a consacrée par des travaux admirables, qui l'ont placé sans contestation à la tête des naturalistes de notre époque; si cette philosophie, disons-nous, démontrée insuffisante et incomplète, cédera la place aux doctrines récemment introduites dans la zoologie et l'anatomie comparée en Allemagne et en France, par plusieurs savans célèbres, entre lesquels M. Geoffroy occupe un rang très élevé. Quand les discussions scientifiques ne roulent que sur des travaux de détail, elles demeurent enfermées dans l'enceinte des Académies et des sociétés savantes. Mais quand elles portent sur les plus hautes généralités de toute une science, quand de leur choc doit résulter une de ces révolutions qui comptent dans l'histoire de l'esprit humain, quand elles sont engagées et soutenues par des hommes dont le nom est européen, alors la curiosité publique s'éveille et s'y attache. Toutes les sciences sont par contrecoup mises en cause, et ont un intérêt majeur à leur résultat. La controverse élevée entre M. Cuvier et M. Geoffroy Saint-Hilaire offre tous ces caractères. Le public ne saurait y rester indifférent. Les questions en litige sont telles, qu'indépendamment de leur intérêt purement scientifique, elles sont en outre de nature à saisir l'imagination de tout homme qui pense, et à s'emparer fortement de toutes les intelligences pour lesquelles le spectacle de la nature animée est une source féconde d'émotions, poétiques, philosophiques ou religieuses. Or, il n'y a pas d'ame quelque peu cultivée et bien organisée qui n'en éprouve souvent de semblables.

Nous n'avons pas la prétention, en écrivant sur ce sujet, de nous substituer à nos savans, dans l'exposition de leurs idées. Tous deux, chacun avec son talent, parlent une langue que tous deux entendent, devant un public qui l'entend aussi. Nous voulons seulement, par quelques explications préliminaires et moins techniques, les faire écouter et comprendre par un public plus nombreux.

Nous tâcherons de donner une idée aussi claire que possible à quiconque n'a pas fait d'études spéciales de la doctrine anatomico-philosophique de M. Geoffroy, connue sous le nom de *Théorie des analogues*. Sans cette connaissance préalable, on ne pourrait bien suivre la discussion qui s'est ouverte à son sujet, à propos du premier mémoire de M. Cuvier, lu dans la séance du 22 février, et qui en contient la critique. Ces deux naturalistes, en effet, s'adressant à un public parfaitement instruit de ce dont il s'agit, négligent avec raison beaucoup d'antécédens et d'explications nécessaires à la plupart de nos lecteurs.

Le système de M. Geoffroy, très vaste, très complexe, est déduit d'une infinité d'observations anatomiques les plus difficiles, qu'il est impossible de rappeler et même de citer dans cette courte analyse. Nous n'en présenterons donc que les résultats les plus généraux, que tout le monde peut saisir, parce que, comme toutes les théories, celle-ci se réduit en définitive à trois ou quatre propositions fort simples.

Le nombre des animaux répandus sur notre globe, qu'ils vivent dans l'air ou dans l'eau, dans l'intérieur de la terre ou à sa surface, est immense. Il est encore indéfini pour nous, car chaque instrument de plus, ajouté à nos organes, nous en découvre de nouveaux. Un fort microscope en fait voir distinctement des milliers dans quelques onces de liquide. La plus simple attention montre que ces êtres innombrables se ressemblent sous certains rapports, et diffèrent sous d'autres. Toutes les langues de tous les peuples consacrent cette observation. Les premières classifications ont été faites probablement par des pêcheurs et des chasseurs : elles sont encore employées dans la langue usuelle, et le seront toujours. Elles portent sur les caractères les plus évidens et les plus tranchés des analogies et des diversités d'organisation, et suffisent pour les besoins de la vie et l'utilité. Mais la science est plus exigeante. Elle veut dans ses classifications plus de rigueur, et des règles qui ne souffrent pas d'exception. L'anatomie comparée a découvert dans la structure des animaux une multitude de rapports et de variétés. De ces observations multipliées sont nées les *méthodes* zoologiques, qui consistent à classer les animaux en plusieurs groupes, désignés par les noms de *genres*, d'*ordres*, de *classes*, d'*espèces*, de *variétés*, etc., et à les distinguer entre eux par les caractères physiques que les uns possèdent à l'exclusion des autres.

Les plus simples, comme les plus savantes classifications, sont de pures abstractions de l'esprit, qui, négligeant les différences, ne considère que les points d'analogie. La nature, comme on l'a dit avec profondeur, ne crée que des individus ; c'est nous qui créons les espèces ; par l'abstraction des diversités et la combinaison des ressemblances, combinaison à laquelle nous imposons un nom collectif. La difficulté consiste à bien marquer les limites des analogies et des variétés, et cette difficulté est assez grande pour faire arriver les naturalistes qui s'en occupent à des résultats divers : aussi les classifications sont-elles très nombreuses, et basées souvent sur des principes opposés. Il en est cependant qui, bien que très anciennes, reparaissent toujours dans la science, et sont encore en vigueur aujourd'hui. Telle est celle d'Aristote, consacrée par Linnée, et adoptée de nos jours par MM. Cuvier et de Lamarck, quoique sous d'autres noms.

Le grand travail des naturalistes de tous les temps a donc été de parvenir à une classification parfaite ; c'est-à-dire à une classification fondée sur la connaissance complète des ressemblances et des différences de tous les êtres de l'échelle animale, et d'en déterminer les rapports avec précision et netteté.

L'anatomie comparée, qui seule peut fournir les élémens de ce problème, a pris une nouvelle direction vers le commencement de ce siècle. Les naturalistes avaient toujours pensé, et grand nombre croient encore aujourd'hui, que les espèces animales ont chacune été pourvues par la nature d'organes particuliers, spéciaux, conformes au rôle final qu'elles sont destinées à remplir. Ils voient bien que tous les êtres de cette grande échelle offrent quelques ressemblances générales; mais les différences entre certaines classes sont si énormes, si décisives, à leur avis, qu'il est imposible d'admettre qu'elles aient été créées sur le même plan. Ainsi, par exemple, l'oiseau, qui respire dans l'air et qui vole, a d'autres organes et d'autres appareils que le poisson, qui respire dans l'eau et qui nage. La vie de ces êtres est si différente, qu'il a fallu, pour la rendre possible, une organisation différente aussi. Si l'on descend aux animaux sans vertèbres, et si on les compare aux animaux vertébrés, toute apparence d'analogie disparaît. Ce sont des êtres nouveaux, construits sur un modèle spécial, composés d'organes particuliers, qu'ils possèdent à l'exclusion de tous les autres.

Cette doctrine a été généralement adoptée par les naturalistes philosophes, depuis Aristote jusqu'à nos jours.

Depuis trente ans environ, d'autres principes se sont introduits : en Allemagne, par les travaux de Kielmayer, Oken, Spix, Tieddeman, F. Meckel, etc., et aussi par les spéculations de l'école de la *nature;* en France, par les écrits de M. Geoffroy-Saint-

Hilaire, et par nos communications avec l'Allemagne.

Ces nouvelles idées de philosophie anatomique ne sont pas tout-à-fait les mêmes en France qu'en Allemagne; mais on peut reconnaître qu'elles ont d'assez grands rapports, et aboutissent à peu près aux mêmes résultats théoriques. C'est en analysant la doctrine propre de M. Geoffroy, que nous indiquerons l'esprit, le but et les principes de cette philosophie; car M. Geoffroy en est, en France, le plus puissant propagateur, et il lui a imprimé une originalité et un caractère remarquable.

La doctrine de M. Geoffroy est particulièrement connue et désignée par lui, sous le nom de *Theorie des analogues*. En effet, elle est tout entière dans l'idée qu'il s'est faite des rapports d'*analogie* établis entre tous les êtres de la création animale. C'est aussi en définissant clairement ce qu'il entend par ce mot d'*analogie*, et en expliquant les moyens par lesquels il la constate, que nous aurons une idée suffisante de tout son système.

D'après M. Geoffroy, les naturalistes classificateurs se sont beaucoup plus occupés des différences que des analogies dans leurs études comparatives; et la raison, c'est qu'ils n'ont comparé les organes des animaux que sous le rapport de *leur forme et de leurs usages;* ils ne voyaient l'analogie que quand elle était manifestement caractérisée par les ressemblances de structure et de fonctions des parties. Dès que cette ressemblance leur manquait et s'effaçait, ce qui arrive bientôt pour peu qu'on passe d'une espèce à l'autre, ils se croyaient en présence d'objets *nouveaux*, et, en conséquence, leur imposaient des noms nouveaux aussi. Cette difference dans les noms fit voir partout une différence dans les choses, et l'analogie fut perdue de vue. Ainsi le vétérinaire, voyant le membre antérieur d'un bœuf, et s'apercevant que sa *forme* diffère considérablement de celle du bras de l'homme, désigne différemment aussi toutes les parties qui le composent. Il nomme os du canon, ergots, sabots, les parties qui, dans l'homme, portent le nom de métacarpe, de doigts rudimentaires, d'ongles. L'extrémité inférieure du membre antérieur de ce bœuf, ou autrement le pied, comparée à l'extrémité du même membre chez le singe, n'est plus un *pied*, si on ne fait attention qu'à la forme et à l'usage; mais un organe tout *différent*, qu'on appelle aussi du nom différent de *main*. Chez le lion, ce pied est une griffe; chez les chauve-souris, une aile; chez la baleine, une nageoire : de sorte qu'en mettant un nom différent à ce même organe, et attachant une idée différente à chaque différence de nom, le principe d'analogie s'obscurcit et finit par être totalement négligé.

Ce n'est donc point sur des considérations de

formes et de fonctions que la zoologie aurait pu trouver des analogies entre les espèces, et ramener l'organisation animale à un type commun. Si cette analogie existe, elle existe ailleurs que là. Les formes et les usages des parties changent non seulement dans chaque espèce, mais encore dans chaque individu ; c'est même sur ces deux circonstances de l'organisation que portent toutes les variétés apparentes des animaux ; elles sont le principe même de la variété. Le principe d'analogie ou d'unité est ailleurs. M. Geoffroy l'a nommé principe des *connexions*, et voici en quoi il consiste :

Tout corps organisé est composé de parties distinctes et arrangées dans un certain ordre, les unes par rapport aux autres.

Anatomiquement, il n'y a à considérer dans tout animal, d'un côté, que la forme et le volume des parties, et de l'autre, leur nombre et leur arrangement réciproques. Le principe d'unité et d'analogie que l'on cherche, ne se trouvant, que jusqu'à un certain degré, dans la forme, il ne peut se rencontrer, d'une manière complète, que dans l'ordre établi entre les parties, s'il existe. C'est, en effet, dans cet ordre que M. Geoffroy l'a trouvé, revêtu, selon lui, du plus haut caractère de généralité et d'authenticité. Ce ne sont donc point les organes qui se ressemblent, mais les *matériaux* qui les composent. Ces matériaux eux-mêmes ne se ressemblent ni par leur forme, ni par leur usage, mais par leur nombre, leur situation, leur dépendance les uns des autres; en un mot, par leurs *connexions. La loi des connexions* n'admet ni caprice, ni exceptions; elle est invariable. On trouve dans chaque famille, dans chaque espèce, tous les matériaux organiques qu'on trouve dans les autres. Le corps du singe, de l'homme, de l'éléphant, de l'oiseau, du poisson, est composé d'un certain nombre de pièces placées, les unes par rapport aux autres, dans le même arrangement. Ainsi le membre antérieur du cheval, comparé au membre supérieur de l'homme, n'offre qu'une analogie grossière, d'après la considération de la forme; mais il y a, de part et d'autre, mêmes os, mêmes articulations, mêmes muscles, mêmes disposition et rapports entre toutes ces parties; c'est-à-dire mêmes connexions. La nature n'a, pour former les animaux, qu'un nombre limité d'élémens organiques, qu'elle peut raccourcir, amoindrir, effacer, mais non déranger de leurs places respectives. C'est comme une ville, par exemple, dont le plan, fait d'avance, a tracé les rues et compté les maisons; l'architecte peut bien varier à l'infini la forme des habitations, leurs dimensions et leur destination, mais il ne peut intervertir l'ordre prescrit dans leur arrangement. Cet ordre, cet arrangement, ces *connexions* sont toujours identiques dans tous les animaux. Il n'y a donc pas plusieurs animaux, à proprement parler, mais un seul animal, dont les organes varient dans la forme, l'usage et le volume, mais dont les matériaux constitutifs restent toujours les mêmes, au milieu de ces surprenantes métamorphoses.

Et ces métamorphoses elles-mêmes, d'où naissent les différences, sont expliquées par un autre principe, une autre loi, que M. Geoffroy a nommée *balancement des organes*. C'est une loi en vertu de laquelle un organe ne prend jamais un développement extraordinaire, sans qu'un autre organe ne subisse un décroissement proportionnel. Dans l'état régulier et normal, c'est cette inégale distribution de matière qui cause l'étonnante variété des formes animales. La théorie des *monstruosités* est fondée sur cette loi et y obéit. Les *monstres*, qu'on a si long-temps regardés comme d'étranges caprices de la nature, ne sont que des êtres dont le développement régulier a été arrêté dans certaines parties; et, chose admirable, il n'arrive jamais à un organe de perdre, dans un individu, les caractères normaux de l'espèce à laquelle il appartient, sans que cette déformation n'imprime à cet organe les caractères normaux d'une espèce inférieure. Il en est de même pour le développement naturel des corps animés. Ainsi, l'homme, considéré dans son état d'embryon, dans le sein de sa mère, passe successivement par tous les degrés d'évolution des espèces animales inférieures : son organisation, dans ses phases successives, se rapproche de l'organisation du ver, du poisson, de l'oiseau. Il présente temporairement toutes les combinaisons organiques dont la nature est si prodigue; mais il ne les conserve point : il s'en dépouille, pour passer à d'autres, jusqu'à ce qu'enfin il arrive à celle qui lui est spécialement et irrévocablement assignée. Ce qui est vrai du corps animal tout entier, est encore vrai de chacun de ses organes. Le cerveau humain, par exemple, subit un assez grand nombre de changemens, dont chacun a son modèle permanent dans le cerveau des reptiles, des poissons, etc. Tieddemann, en Allemagne, et M. Serres, en France, ont surtout remarqué ces lois de formation.

Il n'y a donc pas, nous l'avons dit, plusieurs animaux, mais un seul animal, dont les pièces constitutives sont nécessairement les mêmes dans toutes les espèces, malgré les nombreuses variétés de forme que leur développement inégal imprime à leurs composés. Ces composés, eux-mêmes, c'est-à-dire les organes, ne changent pas de nature en changeant de nom. Soit, par exemple, le *sternum*, os situé, dans l'homme, au-devant de la poitrine, et dont la fonction est de servir aux mouvemens de la respiration, et de protéger les organes délicats qu'il recouvre. Si on compare cet os, uniquement sous le rapport de sa forme générale, à la partie qui le représente dans les autres animaux, on perdra le fil de l'analogie, et on croira voir des organes différens. M. Geoffroy, se fondant sur sa situation, par rapport aux organes voisins, entend par *sternum*, un ensemble de pièces qui forment la partie inférieure de la poitrine, et qui entrent nécessairement dans sa composition, soit pour en aider le mécanisme, soit pour garantir l'organe respiratoire des atteintes extérieures. Le mot *sternum* est ainsi un mot collectif, désignant un assemblage de diverses parties osseuses, qui, chacune, suivant leur degré respectif de développement, contribuent d'une manière spéciale aux usages généraux de l'organe tout entier, qu'elles constituent par leur réunion. On est conduit ainsi à un type idéal de *sternum*, qui, pour tous les animaux vertébrés, se résout en plusieurs formes secondaires, suivant les variations des matériaux constituans. Il en est de même du pied, de la main, du crâne, etc. : il n'y a pas autant de crânes, de pieds, de mains, qu'il y a d'animaux. De même qu'il n'y a qu'un animal, il n'y a aussi qu'un sternum, qu'un pied, etc. Quelles que soient, en effet, les singulières métamorphoses de ces organes, il n'est pas difficile d'en démêler les diversités, d'apercevoir qu'elles se convertissent les unes dans les autres, d'en embrasser tous les points communs, et de les ramener à une seule et même mesure, à des fonctions identiques, enfin, à un seul et même type.

Chaque système d'organe qui a atteint, dans une espèce, son maximum de développement, et par suite, de fonction, conserve avec fixité le nombre, le rang et les usages de ses portions élémentaires, tandis que dans une autre espèce, où il n'existe qu'à l'état d'embryon, et tout-à-fait rudimentaire, il est exposé à perdre de son importance et de ses usages, et à laisser même distraire quelques unes de ses pièces, au profit des organes voisins. Mais, quels que soient les moyens qu'emploie la nature pour opérer des agrandissemens sur un point et des amaigrissemens sur un autre, jamais, par une loi qu'elle s'est imposée, une partie *n'enjambe* sur l'autre : un organe est plutôt diminué, effacé, anéanti, que *transposé*.

Par les *connexions*, on arrive à la loi d'unité et d'identité des formes organiques. Par le *balancement des organes*, on explique leurs variétés et leurs différences apparentes.

Ainsi le *principe des connexions* et celui du *balancement des organes*, expliqués l'un par l'autre, conduisent M. Geoffroy à cette conclusion : que les animaux sont tous créés *sur le même plan ;* qu'il y a, pour le règne animal, *unité de composition organique*, et cette conclusion est le corollaire le plus général de la *théorie des analogues*.

Telle est la doctrine philosophique[1] de M. Geoffroy Saint-Hilaire. Elle semble, comme il le dit lui-même, être la confirmation du principe de Leibnitz qui définissait l'univers : *l'unité dans la variété*.

M. Geoffroy n'a pas appliqué encore la méthode de détermination des organes par les connexions

[1] Un reproche dirigé avec beaucoup d'insistance par les argumentations précédentes contre l'auteur de cette doctrine est une sorte de prétention à l'universalité des vues. Cependant les recherches entreprises, quelle autre conduite lui était prescrite? On n'est point reçu dans les sciences à énoncer une proposition abstraite, dont il faille ensuite énumérer les cas d'exception. *Il n'est pas de règle sans exception*, est une locution assez commune ; mais ce n'en est pas moins une antilogie inadmissible : car l'exception détruit la règle, ou quelquefois ne la confirme que quand l'obstacle qui la fausse apparaît manifestement.

L'universalité du principe d'unité d'organisation est un fait nécessaire, et cette nécessité vaut déja démonstration. Et, en effet, tous les arrangemens de l'univers étant considérés dans leur principe, il se trouve qu'à un très petit nombre de matériaux s'appliquent, pour en disposer, des forces, numériquement parlant, aussi restreintes; forces qui ne sont elles-mêmes que l'action réciproque en même temps que simultanée des propriétés des corps élémentaires.

La puissance créatrice, par des combinaisons aussi simples a produit l'ordre actuel de l'univers, quand elle eut attribué à chaque chose sa qualité propre et son degré d'action, et qu'elle eut réglé que tant d'élémens, ainsi sortis de ses mains, seraient éternellement abandonnés au jeu, ou mieux, à toutes les conséquences de leurs attractions réciproques. G. S. H.

à toutes les classes animales, mais seulement aux quatre classes des *vertébrés*, et aux *articulés*.

On a agité souvent des questions de priorité relativement aux idées de M. Geoffroy. Quelques uns ont prétendu que, nouvelles chez nous, elles étaient déja vieilles en Allemagne. D'autres, et en particulier M. Cuvier, soutiennent qu'elles ne sont nouvelles, ni en France ni en Allemagne, mais qu'elles datent de deux mille ans, et n'ont de nouveau que le nom. Les questions de priorité sont toujours difficiles à résoudre. Ce qu'il y a de certain, c'est qu'en 1796, c'est-à-dire, il y a 34 ans [1], M. Geoffroy

[1] *C'est au passage suivant, que cette réflexion fait allusion.*

« Une vérité constante pour l'homme qui a observé un grand nombre des productions du globe, c'est qu'il existe entre toutes leurs parties une grande harmonie, et des rapports *nécessaires;* c'est qu'il semble que la nature se soit renfermée dans de certaines limites, et n'ait formé tous les êtres vivans que sur un plan unique, essentiellement le même dans son principe, mais qu'elle a varié de mille manières dans toutes ses parties accessoires.

« Si nous considérons particulièrement une classe d'animaux, c'est là surtout que son plan nous paraîtra évident : nous trouverons que les formes diverses, sous lesquelles elle s'est plu à faire exister chaque espèce, *dérivent toutes les unes des autres : il lui suffit de changer quelques unes des proportions des organes, pour les rendre propres à de nouvelles fonctions, et pour en étendre ou restreindre les usages.*

« La poche de l'alouatte, qui donne à ce singe une voix éclatante, et qui est sensible au-devant de son cou par une bosse a exprimé nettement, à notre avis, les principes fondamentaux qu'il soutient encore aujourd'hui; or, en cherchant en Allemagne, nous ne trouvons, à cette date, aucun ouvrage bien connu qui les contienne. Rien n'empêche donc d'en regarder M. Geoffroy comme l'auteur, du moins chez nous, et, s'ils ont quelque grandeur philosophique, d'en faire honneur à la France. La question de la nouveauté ne doit pas occuper davantage; car, d'ordinaire, c'est une objection qu'on ne fait que lorsqu'on en a épuisé déja beaucoup d'autres. D'ailleurs, nous croyons qu'un principe, jeté dans une science, ne produirait jamais un grand mouvement, s'il ne différait que nominalement des principes reçus. Enfin, nous ajouterons qu'un principe quelconque peut se trouver consigné dans vingt passages de

d'une grosseur si extraordinaire, n'est qu'un renflement de la base de l'hyoïde; la bourse des didelphes, un repli de leur peau, qui a beaucoup de profondeur; la trompe de l'éléphant, un prolongement excessif de ses narines; la corne du rhinoceros, un amas considérable de poils qui adhèrent entre eux; etc. etc.

« Ainsi les formes, dans chaque classe, quelque variées qu'elles soient, résultent toutes au fond d'organes communs à tous: la Nature se refuse à en employer de nouveaux. Ainsi, toutes les différences, même les plus essentielles, qui distinguent chaque famille d'une même classe, viennent seulement d'un autre arrangement, d'une autre complication, d'une modification enfin de ces mêmes organes. » *Voyez* Dissertation sur les Makis, *dans le Magasin encyclopédique*, tome VII, page 20.

vieux livres, sans qu'on doive le regarder comme ancien. Un principe, en effet, n'est rien, tant qu'il n'est pas travaillé et appliqué : c'est une lueur, un éclair, un pressentiment, comme on dit; mais il ne prend une valeur et un caractère qu'entre les mains de l'homme qui le fait reconnaître pour ce qu'il est, et qui prouve pourquoi il est. Celui-là seul aussi peut s'en regarder comme le propriétaire, parce que seul il sait qu'il possède, et connaît ce qu'il possède.

Nous sommes loin d'avoir épuisé cet intéressant sujet, et nous aurions voulu donner un plus haut degré de clarté à cette courte exposition. Nous y reviendrons, peut-être dans un autre article, où nous rechercherons en quoi et jusqu'à quel point diffèrent les opinions de M. Geoffroy-Saint-Hilaire et de M. Cuvier. L.

TABLES.

SOMMAIRES DES ARTICLES.

SOMMAIRE DES PRINCIPALES NOTES.

FIN DES TABLES.

ERRATA.

Page 35, ligne 23, *au lieu de* les auteurs voient leurs commissaires, *lisez :* voient un de leurs commissaires.

(*N. B.* Le sens de la phrase le disait déja : mais ce devient plus explicite par cette correction : ainsi l'a désiré M. Latreille.)

Page 55, ligne 28, *au lieu de* à Rouen je veux dire, *lisez :* à Rouen. Je veux dire.

Page 94, ligne 13, *au lieu de* lucidité évidente;, *lisez* : lucidité. Evidente,

Page 95, ligne 10, *au lieu de* tout choses, *lisez :* toutes choses.

Page 113, ligne 13, *au lieu de* intervalles de leur distance, *lisez :* intervalles, de leur distance.

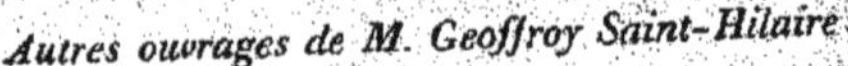
Autres ouvrages de M. Geoffroy Saint-Hilaire:

PHILOSOPHIE ANATOMIQUE.

TOME I. Des organes respiratoires sous le rapport de la détermination et de l'identité de leurs pièces osseuses.

TOME II. Des monstruosités humaines.

Chez Baillière, rue de l'École de Médecine, n° 13 *bis*.

SYSTÈME DENTAIRE DES MAMMIFÈRES ET DES OISEAUX.

Chez Boisjolin, rue de l'École de Médecine, n° 3.

COURS DE L'HISTOIRE NATURELLE DES MAMMIFÈRES.

Chez Pichon et Didier, quai des Augustins, n° 47.

AVIS AUX LIBRAIRES.

Le présent ouvrage a été tiré à un petit nombre d'exemplaires. Le dépôt de l'édition est chez l'*Auteur et Éditeur*, à Paris, rue de Seine Saint-Victor, n° 33.

Imprimerie de Rignoux, rue des Francs-Bourgeois-S.-Michel, n° 8.

www.ingramcontent.com/pod-product-compliance
Ingram Content Group UK Ltd.
Pitfield, Milton Keynes, MK11 3LW, UK
UKHW012026240726
13965UKWH00002B/602